2014年度宁波市自然科学学术著作出版资助项目

慈溪乡土树种彩色图谱

徐绍清　陈征海　主　编

中国林业出版社

图书在版编目（CIP）数据

慈溪乡土树种彩色图谱 / 徐绍清，陈征海主编 . — 北京：中国林业出版社，2014. 11
ISBN 978-7-5038-7724-7
Ⅰ . ①慈… Ⅱ . ①徐… ②陈… Ⅲ . ①乡土树种—慈溪市—图谱 Ⅳ . ① S79-64

中国版本图书馆 CIP 数据核字 (2014) 第 262093 号

内容简介

本图谱选录了浙江慈溪野生和久经栽培的乡土树种 77 科 362 种（含种下分类单位），其中野生树种占 300 种；包括宁波新记录 13 种，慈溪新记录 83 种。每种树种有名称（部分种有别名及慈溪方言名）、学名、科名、形态、分布与生境、用途，部分种附有相近种名称或保护等级等。

本书集科学研究、生产应用和科普宣教价值于一体，适合相关科技工作者参考，也可供广大植物爱好者、苗圃经营户、绿化施工者、园林设计者、环保工作者、相关专业学生和野外健身“驴友”阅读。

出 版	中国林业出版社(100009 北京西城区刘海胡同 7 号) 网址：www.cfph.com.cn E-mail:forestbook@163.com 电话：(010)83222880
发 行	中国林业出版社
制 版	北京捷艺轩彩印制版技术有限公司
印 刷	北京中科印刷有限公司
版 次	2014 年 11 月第 1 版
印 次	2014 年 11 月第 1 次
开 本	215mm × 280mm
照 片	约 1096 幅
字 数	400 千字
印 张	26
印 数	1 ~ 2 000 册
定 价	360.00 元

《慈溪乡土树种彩色图谱》

编著委员会

主　编：徐绍清　陈征海

副主编：金水虎　柴春燕　余剑耀　黄胜利　周勤明　阎道良　朱杰旦

参编人员：（以姓氏笔画为序）

王立如　王青华　毛国尧　叶信孟　史美君　冯林国　成国良　朱杰旦

华建荣　江建远　严晓素　劳　冲　杜华聪　杨书芬　余正安　余剑耀

沈生初　沈幼莲　张建春　陆永祥　陈旭君　陈征海　陈国海　陈建华

陈晓强　范林洁　范国明　范明杰　金水虎　周和锋　周勤明　房聪玲

赵书苗　赵　君　胡东旭　胡志刚　洪军孟　娄厚岳　柴春燕　徐永江

徐国庆　徐绍清　徐路遥　高长达　高水友　黄士文　黄胜利　阎道良

蒋建绒　蒋婉青　董建国　谢国权　蔡建明　瞿钦道

主　审：李根有

摄　影：徐绍清　陈征海

主编简介

徐绍清：男，1965 年 10 月出生，浙江慈溪人。1987 年毕业于浙江林学院，学士，现在慈溪市林特技术推广中心工作，兼任慈溪市林特学会秘书长，高级工程师。自 1999 年起，重点关注慈溪植物资源的调查与资料的积累，先后采集到慈溪地理分布新记录植物 200 余种。主持或参与十多项科技项目，参编《杨梅高效生态栽培技术》、《慈溪古树名木》等专著 6 本，发表学术论文约 40 篇，荣获浙江省“科技兴林”二等奖 1 项，宁波市农业实用技术推广奖和慈溪市科技进步奖等多项，获发明专利 1 项、实用新型专利 2 项。

陈征海：男，1963 年 9 月出生，浙江金华人，1983 年毕业于浙江林学院，硕士，教授级高工。现任浙江省森林资源监测中心副主任，浙江省植物学会、生态学会常务理事，浙江省林学会森林生态专业委员会副主任委员。先后主持或主要参加完成了全省野生植物、野生动物、湿地、古树名木、红树林、海岛与海岸带植被调查与监测等多项国家级重大林业自然资源调查与监测研究项目，获浙江省或林业部科技进步二等奖 1 项、三等奖 3 项，全国优秀工程咨询成果三等奖 2 项，全国林业优秀工程咨询成果二等奖 2 项、三等奖 6 项。发表学术论文 50 余篇，出版著作 11 部，其中主编 7 部（卷）。研究发表植物新分类群 10 余个，其中新种 7 个。

序 一

慈溪为浙江属地，地处东海之滨，经济发达。该市交通便捷，为杭州湾跨海大桥的南桥头堡所在地，居于沪杭甬三角地带的中心区。慈溪兼有丘陵、平原和海涂多种地貌，植物类型丰富。农耕经济富有特色，有“浙江棉仓”、“中国经济林杨梅之乡”、“中国杨梅之乡”、“中国黄花梨之乡”之美誉。20世纪80年代起，慈溪花木产业兴起，在省内占有一席之地。进入新世纪以来，慈溪绿化事业有了新的发展，“通道绿化”成为江浙沪地区的样板，盐碱地绿化成为省内典范，山区生态林建设富有成效，乡土树种的绿化应用有所加强，2012年通过了“森林城市”创建的验收。

随着社会的进步，社会各界对绿化的要求不断提高，对盲目应用热带树种和外来树种的现象颇有看法，而对适应性强、观赏价值高的乡土树种的应用得到广泛认同，需求持续增大。对优良的乡土树种进行开发和利用，不仅可以丰富绿化树种的多样性，改变当前较单调的绿化景观，增强绿化实效，降低绿化成本，并可提高民众对野生植物的认知度，进而形成具有地方特色的绿色产业。

乡土树种包括区域内土生土长的野生树种和久经栽培的树种（品种）。野生的乡土树种种类繁多，而常供栽培的乡土树种毕竟是少数。但即使是栽培树种，能识得其名、懂得其性、知得其用、用得其所者，只在少数。至于野生树种，熟知之人更少，许多人只能称其为“野树”或“柴树”。随着野外健身运动的兴起，许多“驴友”对“野树”有心认识却苦于缺少相应的参考资料。慈溪市林特中心徐绍清等联合浙江省森林资源监测中心陈征海等，从1999年开始，结合日常森林资源管理和生产指导等业务工作，对慈溪野生树种进行了长期的调查和研究。在此基础上，对成果进行了图文整理总结，编写出《慈溪乡土树种彩色图谱》书稿。该书选录了362种富有慈溪乡土特色的树种，并配以1000余幅生境和特写彩图，对每一树种的地方名、拉丁名、分类地位、形态、分布、生境、观赏性和其它用途、相近种和附注等进行简述，特别对形态识别要点加注了着重号标记，一目了然，内容十分丰富；书末的“营养体形态”索引也富有特色，适于具有一定专业基础的人士使用。

《慈溪乡土树种彩色图谱》是一本集研究价值、实用价值和科普价值为一体的专著，不仅适合相关科技工作者参考，也适合广大植物爱好者、苗圃经营户、绿化施工者、园林设计者、环保工作者、相关专业学生和野外健身“驴友”阅读。

吴鸿

2013 年 12 月于杭州

（吴鸿：教授、博士生导师，全国政协委员，浙江省林业厅副厅长，浙江省林学会理事长）

序 二

慈溪市地处浙江东部，杭州湾南岸，为中亚热带和北亚热带过渡地带。该市南部丘陵为四明山余脉，中部为辽阔的“三北平原”，北部海岸为淤涨型岸滩。慈溪地貌类型较多，区域性差异明显，气候条件复杂多变，土壤类型较为丰富，境内蕴藏着丰富的植物资源，其森林植被在全国分类中属“中亚热带常绿阔叶林北部亚地带，浙、皖山丘，青冈、苦槠林、栽培植被区”。植物资源调查，是一项公益事业，对摸清资源家底、保障国家生物战略资源安全具有重要意义，有利于相关树种的保护，也有利于乡土树种的园林开发、生态应用、药用、食用和其它多项应用，对发展当地经济有积极指导作用。慈溪植物资源，曾引起国内外植物专家的关注。20世纪80年代，慈溪市农林局开展过一次植物资源调查活动，并由沈焕初整理出一份植物名录，包含食用菌和高等植物，共170科897种（含种以下分类单位，下同），其中乡土树种300种左右。2009年，由本书作者之一徐绍清整理出一份包含苔藓和维管束植物的慈溪植物名录，共198科1527种，其中乡土树种350种左右。

本书作者徐绍清等，从1999年开始，结合日常森林资源管理和生产指导等业务工作，联合浙江省森林资源监测中心陈征海等，对慈溪野生树种进行了长期的调查与整理。“慈溪市红果类乡土树种调查研究”和“慈溪市乡土树种资源调查与开发利用研究”等项目的实施，为系统整理慈溪乡土树种创造了条件。《慈溪乡土树种彩色图谱》正是上述基础的图文总结。全书收录慈溪乡土树种77科362种，其中绝大多数为野生树种，占300种，其余为久经栽培的树种。书中收录的短蕊槐、毛红椿、红叶葡萄、毛花猕猴桃、吊石苣苔、鹅毛竹等13种为宁波分布新记录，山蒟、槲栎、糙叶树、毛叶铁线莲、豹皮樟、天台溲疏、华茶藨、红腺悬钩子、华东木蓝、一叶萩、光枝刺叶冬青、红枝柴、牯岭勾儿茶、接骨木、流苏树、大叶白纸扇、菰腺忍冬等83种为慈溪分布新记录。这是艰苦的野外调查工作付出之回报，是慈溪乡土树种调查的一项新成就。本书对所收录的每一树种，开展了方言名称与重要文献名称收集、分类地位确定、形态描述、分布阐述、利用分析、相近种附记，以及古树名木归档状况、保护等级、毒性提示及其它附注等各项细致工作。所配备的1088幅彩图，包括生境和器官特写，可对识别起较大的辅助作用。书末还编制了“营养体形态”索引，是一项新的尝试，同时配备了树种中文名、拉丁名索引等附录，为本书的使用提供了极大的方便。

作为一个县级市，能整理出版一本如此优质的乡土树种的彩色图谱，确实难能可贵。本书不仅填补了慈溪市乡土树种资源研究的空白，也为其它地区的同类研究提供了借鉴。植物资源调查是国民经济的重要基础工作，既利国利民，又充满艰辛与清苦。我研究植物数十年，深有体会。徐绍清、陈征海等同行的这项成绩，使我深感欣慰。特予序之。

裘宝林

2013年12月于杭州

（裘宝林：教授级高工，曾任杭州植物园植物分类研究室主任，1994年被国务院授予有突出贡献的科技工作者称号，退休后又一直被该园聘为客座研究员）

前　言

慈溪地域，秦为句章县（句：音gōu）地，唐开元二十六年（公元738年）置县，1979年最终调整成现境。目前分置镇（街道）19个，其中龙山、掌起、观海卫、桥头、匡堰、横河、浒山为“有山镇”，其南部为四明山之余脉，称作翠屏山，即慈溪南部丘陵区；龙山、掌起、观海卫、附海、新浦、庵东和周巷的北部靠海（杭州湾）。慈溪陆海总面积1717.6km^2，2012年户籍人口103万，而外地来慈溪创业者也有100万之众。

现境处于浙江东部，杭州湾南岸，东境与岱山隔海相望，南境自东往西分别与镇海区、江北区和余姚接壤，介于北纬30°02′~30°24′和东经121°02′~121°42′之间，为沪杭甬三角地带的中心区。陆域以平原为主，“二山一水七分地”。地势南高北低，呈丘陵、平原和滩涂三级台阶状朝杭州湾展开，最高山峰为匡堰镇岗墩村的蹋脑岗，海拔446m。土壤有红壤、水稻土、潮土和盐土等四类。年平均气温16.3℃，年平均降水量1325.0mm，属亚热带季风型气候，日照充足，四季分明。

慈溪农耕发达，曾是“浙江棉仓”、“麦冬之乡”，现为“中国经济林杨梅之乡”，横河还是“中国杨梅之乡”，周巷是“中国黄花梨之乡”，附海是“花木之乡”，新浦是“葡萄之乡”，等等。绿化事业蓬勃发展，盐碱地绿化和“通道绿化”成就显著，为各地学习之样板。2012年，成功创建了“森林城市”，并从2013年起，开展了“园林城市”的创建活动。

慈溪地形地貌多样，植物资源较为丰富。20世纪80年代，慈溪市农林局曾开展过一次植物资源调查活动，并由沈焕初整理出植物名录一份，包含食用菌、苔藓和维管束植物，共170科897种（含种以下分类单位，下同），其中乡土树种约300种。2009年，慈溪市林业局在前述基础上，由本书作者之一徐绍清整理出一份包含苔藓和维管束植物的植物名录，共198科1527种，其中所增补者主要是外来栽培种。

由于外来物种的大量应用，慈溪绿化建设缺少明显的地方特色。笔者认为，对观赏价值较高的乡土树种的进一步开发应用当为今后的发展方向，而进行乡土树种的调查摸底乃是其基础性工作。我们从1999年开始，结合日常森林资源管理和生产指导等业务工作，对慈溪野生树种进行了长期的调查与整理。“慈溪市乡土树种资源调查与开发利用研究”等项目的实施，则为系统整理慈溪乡土树种创造了条件，先后整理发表了《慈溪市乡土树种资源调查研究Ⅰ——红果类绿化观赏树种资源与开发利用》和《浙江慈溪野生半灌木植物资源与利用》等论文。《慈溪乡土树种彩色图谱》正是前述工作的阶段性图文总结。本书所采用的乡土树种概念为：某一区域内土生土长的树种和久经栽培的树种（品种），它既包括某一区域内自然分布的野生树种和已经被开发利用的树种，也包括非本地起源(起源于中国其它地域），而能适应本地自然环境条件，栽培历史相当久远，或已形成品种分化的外来树种。

本书收录慈溪乡土树种77科362种(另有附记11种)，其中野生树种300种，占总数的82.8%。书中收录的粤柳、毛红椿、红叶葡萄、淡红乌饭树、鹅毛竹等13种野生树种为宁波市新记录，米槠、毛叶铁线莲、单瓣李叶绣线菊、厚叶石斑木、一叶萩、毛黄栌、大叶冬青、芫花、南京椴、刺毛越橘、苦枥木、流苏树等83种野生树种为慈溪市新记录。每种树配有生境和特写彩图2~4张，合计1088张。书中树种科的排列顺序根据《浙江植物志》；中文名也尽量参照该植物志，别名收集了一些慈溪当地名称，兼录一部分重要的文献俗称；拉丁名多参考新近的文献成果；树种的形态描述中，加注着重号以表示其识别要点；记载了每种的野外产地或栽培区域和生境，包括海拔分布范围；用途的前半部分，陈述其观赏性，后半部涉及材用、食用、药用等方面；相近种仅记录树种及其序号，便于查阅；附注则记述其保护等级、是否列入古树、毒性以及相关种（品种）提示等。本书所谓“相近种”，是指识别时仅在形态上相近似者，包括种、变种、亚种、变型和栽培品种。书中除浙江以外的其它省份均用简称表达。

本书在编写大纲设计、树种选录、文字组织和图片选取等过程中，得到慈溪市林业局、浙江省森林资源监测中心、浙江农林大学、慈溪市科学技术协会的领导的大力支持以及老师和同仁的出谋与帮助，在此一并致谢！

本书图片提供者为：徐绍清(984张)，陈征海(98张)，蒋建绒(7张：圆柏、栓皮栎、榉树、朴树、木瓜、黄檀和三角槭之古树）、李根有(5张：梓树之果枝、花枝和枝叶以及密刺硕苞蔷薇之皮刺、楤木之花枝）、柴春燕（1张：杨梅之白杨梅）、沈幼莲（1张：卫矛之生境），其版权受法律保护。

本书的编著，是慈溪林业战线和科技界的一项成就，也是宁波市财政专项支持项目“宁波市植物资源调查与数据库建设”的重要组成部分。

由于专业水平和时间所限，书中必定有诸多不足和差错之处，敬请读者批评指正！

编著者

2013年12月

目　录

001 苏 铁

【别　名】铁树

【学　名】*Cycas revoluta*

【科　名】苏铁科 Cycadaceae

【形　态】常绿木本植物。茎干圆柱形，粗壮，直立，密生宿存的木质叶基。大型羽状叶集生于茎干顶部；羽状叶长 75 ～ 100cm，裂片可至 100 对以上，条形，厚革质，坚硬，长 8 ～ 20cm，斜展，先端尖锐，边缘显著向下反卷，正面深绿色，有光泽，背面浅绿色，中脉显著隆起。雌雄异株；花序顶生，雄球花圆柱状，雌球花头状半球形。种子核果状，球形而略扁，橘红色。花期 7 月前后，果期 10 月。

【分布与生境】慈溪各地盆栽或地栽；浙江各地均有栽培；闽、台、粤等省份有分布。

【用　途】树形古朴，主干粗壮，叶色光亮，四季常青，可供公园、庭园、居室等处绿化。髓部与种子含淀粉，可食；根、叶、花、种子可入药。

雄球花

雌球花

苏铁植株

002 银　杏

【别　名】白果树

【学　名】*Ginkgo biloba*

【科　名】银杏科 Ginkgoaceae

【形　态】落叶大乔木。树干通直，老树皮灰褐色，深纵裂；小枝有长枝和短枝之分，短枝密被叶痕；冬芽卵圆形，黄褐色。叶在长枝上螺旋状排列，在短枝上端 3 ～ 8 片呈簇生状；叶片扇形，先端常凹陷，叶脉二叉状。雌雄异株；雄球花 4 ～ 6 枚，雌球花具长梗，梗端常分 2 叉。外种皮肉质，熟时黄色或橙黄色，被白粉。花期 3 ～ 4 月，种子 9 ～ 10 月成熟。

【分布与生境】栽培于慈溪各地，寺院、古村落和公园绿地常见大树；西天目山残存野生植株，浙江各地均有栽培；我国暖温带以南地区都有栽培。

【用　途】中生代孑遗树种，树干挺拔，叶形奇特而古雅，秋季转金黄色，是重要的秋色叶树种，世界“五大行道树种”之一，可供风景区、公园、平原四旁、寺院、道路、庭园绿化观赏。材用（珍贵树种）；种仁为优良的干果；根或根皮、树皮、叶、果入药。

【附　注】国家 I 级重点保护野生植物；慈溪有古树。

古银杏

叶

果枝

雄球花

古金钱松

003 金钱松

枝叶

树皮

【别　名】金松

【学　名】*Pseudolarix amabilis*

【科　名】松科 Pinaceae

【形　态】落叶大乔木。树干通直，树皮不规则鳞状开裂；大枝近轮生，一年生枝淡红褐色，无毛；枝有长短枝之分。叶在长枝上螺旋状排列，在短枝上端 15 ～ 30 片簇生状，辐射平展呈圆盘形；叶线状，扁平而柔软，镰状弯曲或直，长 2 ～ 5.5cm，宽 1.5 ～ 4mm，背面蓝绿色。在短枝顶端，雄球花簇生，雌球花单生。球果长 6 ～ 7.5cm，径 4 ～ 5cm，直立。花期 4 月，球果 10 月成熟。

【分布与生境】慈溪丘陵区各地有栽培，多见于海拔 400m 以下的山坡、林缘或路边；分布于湖州、杭州、绍兴、宁波、台州、衢州的部分县市；苏、皖、赣、闽、鄂、湘、川、豫等省份也有分布。

【用　途】树形优美，秋叶金黄，为著名的公园（园林）观赏树种，可供风景区、公园、道路、庭园绿化，盆景制作，山地混交造林。材用（珍贵树种）；根皮入药。

【附　注】国家Ⅱ级重点保护野生植物；慈溪有古树。

004 马尾松

【别　名】松树

【学　名】*Pinus massoniana*

【科　名】松科 Pinaceae

树皮

【形　态】常绿乔木。树皮下部灰褐色，上部红褐色，呈不规则鳞片状开裂。大枝轮生；冬芽赤褐色。针叶 2 针 1 束，细长而软，长 12 ～ 20cm，下垂或略下垂，针叶丛在枝上形似马尾；叶鞘褐色至灰黑色，宿存。球果的鳞脐微凹，无刺。花期 4 ～ 5 月，球果翌年 10 ～ 11 月成熟。

【分布与生境】产于慈溪丘陵区各地，生于山丘和河滩地；省内除平原区外皆有分布；秦岭、淮河以南各省份均有分布。

【用　途】树姿雄伟，树干遒劲，针叶四季苍绿，细长而下垂，南方最重要的用材树种和丘陵山地绿化先锋树种。松花粉具保健功效，可供食用；松脂和松针供化工用；根、节、叶、树皮、果实、种子、花粉可入药。

【附　注】慈溪有古树。

果枝

马尾松枝叶与幼果

杉木林

005 杉 木

【别 名】刺杉

【学 名】*Cunninghamia lanceolata*

【科 名】杉科 Taxodiaceae

【形 态】常绿乔木。树干通直；树皮红褐色，长条状纵裂；大枝平展，小枝近对生或轮生，幼枝绿色，无毛。叶螺旋状排列，线状披针形，革质，长 2.5 ～ 6.5cm，两面略被白粉或不明显，正面深绿色，具光泽，背面淡绿色，有两条白色气孔带，叶缘有细锯齿。球果卵圆形或近球形。花期 3 ～ 4 月，球果 10 月成熟。

【分布与生境】慈溪丘陵区各地广泛栽培，生于海拔 400m 以下的山坡、山岗林中，也见野生状态者；分布于浙江丘陵山区；长江以南及豫等省份均有分布。

【用 途】树干通直，树冠整齐，四季葱绿，南方重要的速生优良用材树种，又可供风景区、公园、庭园绿化。树皮供化工用；根皮、树皮、枝干结节、心材、枝叶、种子、木材沥出的油脂均可入药。

果枝

侧柏果枝

成熟果枝

006 侧　柏

【别　名】扁柏

【学　名】*Platycladus orientalis*

【科　名】柏科 Cupressaceae

【形　态】常绿乔木。树皮薄，浅灰褐色，浅纵裂成条片；枝条向上伸或斜展；生鳞叶的小枝细，扁平，排成一平面，两面同型；叶交叉对生，排成4列，基部下延；叶鳞形，长1～3mm，小枝中央的叶露出部分呈倒卵状菱形或斜方形，背面中间有条形腺槽，两侧的叶船形，背部尖头的下方有腺点。球果近圆球形，长1.5～2.5cm，蓝绿色，被白粉，熟时开裂，中间两对种鳞背部顶端的下方有1外弯尖头。花期3～4月，球果10月成熟。

【分布与生境】慈溪丘陵区各地有栽培，多见于路边、宅旁；浙江各地有栽培；我国除新、青、藏、琼等省份之外，均有栽培。

【用　途】树形优美，叶色浓绿，四季常青，可供山地造林，风景区、公园、庭园、盐碱土绿化。材用；根皮、枝节、鳞叶、种仁、树脂入药。

【相近种】柏木（见007）。

007 柏 木

【别　名】璎珞柏

【学　名】*Cupressus funebris*

【科　名】柏科 Cupressaceae

【形　态】常绿乔木。树皮褐灰色，裂成窄长条片；除萌枝有柔软的刺形叶外，全为鳞形叶；小枝扁平，排成一平面，两面同型，绿色，下垂；鳞叶长 2mm 以内，先端尖。花期 3 ～ 4 月，球果 8 月成熟。

【分布与生境】慈溪掌起、观海卫等地有栽培；分布于浙江临安、淳安、建德、桐庐、富阳、仙居、天台、临海、黄岩、开化、常山等县市的丘陵山地，石灰岩地区尤为常见；皖、赣、闽、鄂、湘、桂、川、贵等省份有分布。

【用　途】树姿优美，枝叶浓密，小枝下垂，四季常青，多用于公园、寺庙、庭园、墓地、风景区和轻盐碱土绿化。材用；枝叶提取芳香油；根、树干、叶、果实、树脂入药。

【相近种】侧柏（见 006）。

【附　注】慈溪有古树。

枝叶

柏木果枝

圆柏枝叶

古圆柏

树皮

龙柏

008 圆 柏

【别 名】柏树（慈溪）、桧柏（桧音 guì）

【学 名】*Sabina chinensis*

【科 名】柏科 Cupressaceae

【形 态】常绿乔木。树皮深灰色或淡红褐色，裂成长条片脱落；幼树树冠尖塔形，老树广卵形或圆锥形；生鳞叶的小枝近圆柱形。叶二型：幼树多为刺叶，老树多为鳞叶，中龄树兼有两者；刺叶常 3 叶轮生，长 6 ～ 12mm，正面微凹，有 2 条白粉带，基部无关节；鳞叶先端急尖，交叉对生，间或 3 叶轮生，排列紧密。球果近圆球形，径 6 ～ 8mm，被白粉，种鳞肉质，熟时不开张。花期 4 月，球果翌年成熟。

【分布与生境】慈溪匡堰等地古迹中有栽培；浙江安吉、临安、江山、磐安、武义等县市有野生，各地寺院、陵园和村宅有零星栽培；秦岭以南各省份均有分布。

【用 途】树姿古朴，冠形秀丽，树叶密集葱郁，供墓地、纪念堂、寺院和村口等处绿化。优良用材树种；树根、枝叶、种子供化工用；树皮、枝叶入药。

【附 注】慈溪有古树；龙柏（*S. chinensis* ‘Kaizuca’）树冠窄圆柱形，大枝扭曲向上，小枝密集，叶全为鳞叶，为圆柏的重要栽培品种，慈溪有栽培。

009 刺 柏

【别　名】山刺柏

【学　名】*Juniperus formosana*

【科　名】柏科 Cupressaceae

【形　态】常绿小乔木至中乔木。树冠窄塔形；小枝柔软下垂，三棱形。叶全为刺叶，3 叶轮生，线形，长 1.2～2cm，先端锐尖，正面微凹，有 2 条白色气孔带。花期 4 月，球果翌年成熟。

【分布与生境】产于慈溪丘陵区各地，多生于干燥瘠薄的山岗和山坡疏林地；分布于浙江山地丘陵；秦岭、淮河以南山丘均有分布。

【用　途】姿态优美，小枝下垂，树叶苍翠，为山丘造林先锋树种，可供风景区、公园、庭园、厂矿区绿化。材用；根、枝、叶入药。

花枝

刺柏枝叶

罗汉松果枝

010 罗汉松

【学　名】*Podocarpus macrophyllus*

【科　名】罗汉松科 Podocarpaceae

【形　态】常绿中乔木或小乔木。树皮灰褐色，浅纵裂，片状脱落；枝开展，较密。叶螺旋状着生，线状披针形，微弯，长 6 ～ 13cm，先端微窄成短尖头或钝尖，正面深绿色，具光泽，中脉显著隆起，背面灰绿色或浅绿色，中脉微隆起。雌雄异株；雄球花穗状，雌球花单生于叶腋。种子核果状，卵球形，熟时假种皮紫黑色，生于肉质膨大的红色或紫红色种托上。花期 4 ～ 5 月，种子 8 ～ 9 月成熟。

雄球花

种子与种托

【分布与生境】慈溪各地常栽培；浙江松阳、龙泉、景宁、文成、泰顺、乐清、三门、天台、临海、黄岩等县市有野生状态者，其它各地均有栽培；长江流域以南各省份有栽培。

【用　途】树姿优美，枝叶密集，紫红色种托之上着生种子，犹如罗汉参禅，惹人喜爱，多供寺院、公园、庭园绿化，亦可制作盆景，轻盐碱土造林。材用；种托可食用；根皮、叶、种子、花托入药。

011 三尖杉

【学　名】*Cephalotaxus fortunei*

【科　名】三尖杉科 Cephalotaxaceae

【形　态】常绿小乔木。树冠开展，多分枝，小枝略下垂。叶排成2列，披针状线形，常微弯，长5～10cm，先端长渐尖，基部楔形或宽楔形，正面暗绿色，背面2条气孔带白色，较绿色边带宽3～4倍。雌雄异株；雄球花总梗长6～8mm。假种皮成熟时紫色或红紫色。花期4～5月，种子翌年8～10月成熟。

叶背

【分布与生境】产于慈溪龙山、掌起、观海卫、桥头、匡堰、横河、市林场，生于海拔400m以下山谷、溪边潮湿的阔叶林中，以及林缘和裸岩旁；浙江丘陵山区均有；分布于秦岭以南各省份。

【用　途】树冠匀称饱满，层次分明，常年翠绿，枝叶婆娑，可供山地绿化和园林观赏。特殊用材树种；假种皮和种仁供化工用；树体各部入药。

【相近种】粗榧（见012）。

三尖杉果枝

种子横切面

粗榧花枝

012 粗　榧

【别　名】木榧

【学　名】*Cephalotaxus sinensis*

【科　名】三尖杉科 Cephalotaxaceae

【形　态】常绿小乔木或灌木。叶排成 2 列，通常直，叶长 2 ～ 4cm，先端微凸尖，基部近圆形，叶正面深绿色，背面 2 条气孔带白色，较绿色边带宽 2 ～ 3 倍。雌雄异株；雄球花总梗长约 3mm。假种皮成熟时红褐色。花期 3 ～ 4 月，种子翌年 10 ～ 11 月成熟。

【分布与生境】产于龙山、掌起、观海卫、市林场等丘陵区，生于海拔 420m 以下丘陵的山谷、背阴山坡阔叶林中（慈溪新记录）；分布于湖州、杭州、宁波、舟山、台州、丽水等地；长江流域以南至华南、西南均有分布，我国特有树种。

【用　途】树姿清雅，供山地绿化、园林观赏和盆景制作。特殊用材树种；种仁供化工用；树体各部入药。

【相近种】三尖杉（见 011）。

果枝

枝叶

013 山 蒟

【别　名】海风藤

【学　名】*Piper hancei*

【科　名】胡椒科 Piperaceae

【形　态】常绿攀援木质藤本。茎节膨大，常生不定根。单叶互生；叶片狭椭圆形、长圆形或卵状披针形（不育枝上的叶片可近心形），长 4 ～ 12cm，先端短尖或渐尖，基部近楔形，无毛或下面有极细短绒毛，叶脉 5，最外 1 对互生，离基 1 ～ 3cm，弯拱上升几达叶顶端，网脉明显；叶柄长 5 ～ 8mm，叶鞘长约为叶柄之半。雌雄异株；雄花序长 5 ～ 10cm，雌花序长约 3cm，在果期伸长。浆果球形，黄色，直径 2.5 ～ 3cm。花期 3 ～ 6 月，果期 5 ～ 8 月。

【分布与生境】产于龙山、掌起、观海卫等丘陵区，常攀援于低海拔阴湿密林的树干上，沟谷溪边的岩石崖壁上（慈溪新记录）；分布于镇海、奉化、遂昌、常山、景宁、龙泉、仙居、平阳、泰顺等县市；赣、闽、湘、云、贵、粤、桂等省份有分布。

【用　途】枝叶繁茂，叶形美观，穗状花序密集下垂，果黄色，适作阴向边坡、墙体垂直绿化及公园、庭园之石景、树干点缀。全株药用。

【附　注】蒟音 jǔ。

生境

山蒟枝叶

雌花序

响叶杨枝叶

014 响叶杨

【学　名】*Populus adenopoda*

【科　名】杨柳科 Salicaceae

【形　态】落叶乔木。树冠伞状；树皮幼时灰白色，老则灰褐色并纵裂；冬芽圆锥形，有胶黏质；小枝棕色，髓心五角形；当年生枝灰绿色，被柔毛。单叶互生；叶片卵状圆形，长 5 ～ 10（15）cm，先端长渐尖，基部宽楔形、截形或心形，锯齿圆钝，齿端具腺，内弯，两面被脱落性弯曲柔毛，叶背尤密；叶柄侧扁，长 5 ～ 7cm，顶端有 2 枚暗红色杯状腺体。雌雄异株；葇荑花序粗壮下垂。蒴果小。花期 3 ～ 4 月，果期 4 ～ 5 月。

【分布与生境】产于慈溪龙山、观海卫等丘陵区，散生于向阳山坡、山麓阔叶林中；分布于湖州、杭州、宁波、台州、丽水、温州等地；苏、皖、赣、闽、鄂、湘、桂、云、贵、川等省份有分布。

【用　途】叶形优美，秋叶黄色，可供公园、庭园、道路绿化和山地造林。材用；根、树皮和叶入药。

花枝

腺体

015 垂　柳

【别　名】倒挂杨柳（慈溪）

【学　名】*Salix babylonica*

【科　名】杨柳科 Salicaceae

【形　态】落叶乔木。树冠开展而疏散；小枝无毛，细长下垂。单叶互生；叶片狭长披针形或线状披针形，长 8 ～ 16cm，先端狭长渐尖，基部楔形，长为宽的 3 倍以上，最宽处在中部以下，边缘有细锯齿，叶背灰绿色，侧脉约 20 对。花序先叶开放；雄蕊 2 枚。花期 3 ～ 4 月，果期 4 ～ 5 月。

树皮

【分布与生境】慈溪各地有栽培，见于池塘、沟渠、河岸湿地、村宅旁及路边；浙江各地习见栽培；长江流域和黄河流域广泛栽培。

【用　途】枝条柔垂，姿态优美，春季花序先叶开放，秋叶转黄色，供风景区、公园、庭园之水边绿化，轻盐碱土造林。材用；嫩叶可食，又作饲料或饲养柳蚕；树皮供化工用；须根、枝、叶、花、果及茎皮入药。

【相近种】旱柳（见 016）。

垂柳生境

016 旱 柳

【别 名】杨柳（通称）、小水杨柳（慈溪）

【学 名】*Salix matsudana*

【科 名】杨柳科 Salicaceae

【形 态】落叶乔木。小枝直立或斜展，黄绿色，幼枝有毛。单叶互生；叶披针形至狭披针形，长 5 ～ 10cm，长宽比 3 以上，最宽处在近基部，先端长渐尖，正面绿色，背面苍白色，边缘具腺锯齿；叶柄长 5 ～ 8mm。花序与叶同时开放，雄花具 2 雄蕊，2 腺体；雌花具腹、背 2 腺体。花期 3 ～ 4 月，果期 4 ～ 5 月。

【分布与生境】产于慈溪全境，生于沿海围涂、平原河渠和山丘溪沟边；分布于三门、杭州等县市；东北、华北、西北以及苏、沪等省份有分布。

【用 途】秋叶黄色，供平原四旁、湿地和盐碱地绿化。材用；嫩叶供食用，叶作饲料，花为蜜源；根、枝叶、花序、果均入药。

【相近种】垂柳（见 015）。

花序

旱柳植株

017 粤　柳

【学　名】*Salix mesnyi*

【科　名】杨柳科 Salicaceae

【形　态】落叶小乔木。树皮灰褐色，长块条状剥落；芽大，短圆锥形，长 0.5 ～ 1cm；当年生小枝密生脱落性锈色柔毛。单叶互生；叶片革质，长圆形、狭卵形或长圆状披针形，长 7 ～ 11cm，长宽比 3 以下，先端细长渐尖或细长尾尖，基部多微心形，正面亮绿色，背面稍淡，近无毛，叶脉明显突起，呈网状，边缘有粗腺锯齿；叶柄长 1 ～ 1.5cm。雄蕊 5 ～ 6，腺体 2；雌花具腹腺 1。花期 3 月，果期 4 月。

【分布与生境】产于慈溪横河等地，生于低山丘陵的溪沟边及沼泽地（宁波新记录）；分布于杭州、临安、余杭等县市；苏、赣、闽、粤、桂等省份有分布。

【用　途】冠大荫浓，叶色亮绿，秋叶转色，供四旁绿化。材用；嫩叶供食用。

【相近种】南川柳（见 018）。

叶背

托叶

芽

粤柳花枝

018 南川柳

托叶

花序

【别　名】大水杨柳（慈溪）、河柳

【学　名】*Salix rosthornii*

【科　名】杨柳科 Salicaceae

【形　态】落叶乔木。单叶互生；叶片椭圆形、椭圆状披针形或长圆形，长4～8cm，长宽比3以下，叶背面浅绿色或苍绿色，仅幼时脉上有毛，先端渐尖，基部楔形；叶柄长0.5～1.2cm；托叶大，扁卵形或半圆形，有腺齿，萌枝上的托叶发达，肾形或扁心形，长可至1.2cm。花与叶同时开放，雄花具雄蕊3～6，腺体2；雌花具2枚大腺体。花期3～4月，果期5月。

【分布与生境】产于慈溪全境，生于平原河岸湿地、丘陵沼泽和村宅旁；浙江省内广泛分布；苏、皖、赣、鄂、湘、川、贵、陕及黄河中下游各省份有分布。

【用　途】嫩叶红紫色，成熟之叶叶大形美，供平原四旁和湿地绿化观赏。材用；嫩叶供食用；蜜源树种。

【相近种】粤柳（见017）。

南川柳枝叶

雄花序

白杨梅

019 杨　梅

【学　名】*Myrica rubra*

【科　名】杨梅科 Myricaceae

【形　态】常绿乔木。树冠球形。枝叶无毛。单叶互生，叶常聚生枝顶；萌芽枝及幼树上的叶片长椭圆状或楔状披针形，先端渐尖或急尖，中部以上有锯齿；孕性枝上者楔状倒卵形或长椭圆状倒卵形，长 5 ～ 14cm，先端圆钝或急尖，全缘，稀中部以上有锯齿，背面被金黄色腺鳞；叶柄长 2 ～ 10mm。雌雄异株，稀同株；雌花序长 5 ～ 15mm。核果球形，表面具乳头状突起，成熟时深红、紫红、紫黑、粉红或乳白色。花期 3 ～ 4 月，果期 6 ～ 7 月。

【分布与生境】产于慈溪丘陵区各地，生于山坡、沟谷针叶林、阔叶林、针阔混交林中，常成片栽培；浙江各地山丘均有分布；我国长江以南有分布。

【用　途】树冠圆整，枝繁叶茂，果实鲜艳或清丽，适于低山丘陵经济栽培，供公园、风景区、村庄、庭园绿化观赏及山地生态林营造。果食用；材用；树皮、根皮、叶供化工用。根、树皮和果入药。

【附　注】从 1989 年起，慈溪市政府把每年 6 月 28 日定为“慈溪杨梅节”；慈溪杨梅已获中华人民共和国“地理标志保护产品”、国家工商行政管理总局“中国地理标志”证明商标和农业部“农产品地理标志”等 3 种标志；慈溪为“中国经济林杨梅之乡”，横河镇为“中国杨梅之乡”；慈溪有早大种杨梅古树和荸荠种杨梅古树存世，最大树龄约 150 年。

杨梅（荸荠种）

杨梅果枝

化香花序

枝叶

020 化　香

【别　名】栲树（慈溪）、化树蒲

【学　名】*Platycarya strobilacea*

【科　名】胡桃科 Juglandaceae

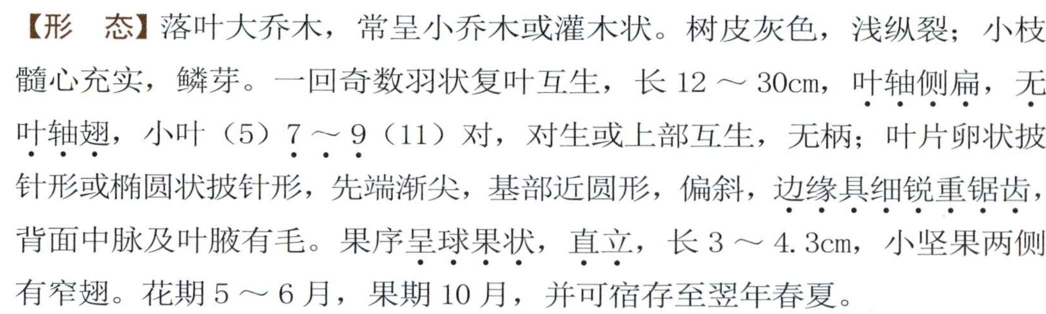

【形　态】落叶大乔木，常呈小乔木或灌木状。树皮灰色，浅纵裂；小枝髓心充实，鳞芽。一回奇数羽状复叶互生，长 12 ～ 30cm，叶轴侧扁，无叶轴翅，小叶（5）7 ～ 9（11）对，对生或上部互生，无柄；叶片卵状披针形或椭圆状披针形，先端渐尖，基部近圆形，偏斜，边缘具细锐重锯齿，背面中脉及叶腋有毛。果序呈球果状，直立，长 3 ～ 4.3cm，小坚果两侧有窄翅。花期 5 ～ 6 月，果期 10 月，并可宿存至翌年春夏。

果序

【分布与生境】产于慈溪丘陵区各地，生于山坡疏林或灌丛中；分布于浙江山区和半山区；华东、华中、华南、西南及陕等地有分布。

【用　途】叶形奇特，秋季变黄色，果序长期宿存于树枝，美观，为山体绿化先锋树种。材用；果序、叶、根皮、树皮供化工用；根、叶、果入药；可作胡桃和美国山核桃的砧木。

021 枫　杨

【别　名】溪沟树、元宝树

【学　名】*Pterocarya stenoptera*

【科　名】胡桃科 Juglandaceae

【形　态】落叶乔木。枝条髓心具片状分隔；裸芽，叠生副芽，密被锈褐色腺鳞；偶数羽状复叶互生，稀奇数羽状复叶，长 20 ～ 30cm；小叶 9 ～ 23 枚，长椭圆形或长圆状披针形，先端短尖或钝，基部偏斜，边缘有细锯齿，两面被腺鳞，叶轴两侧具狭翅。果序长 20 ～ 45cm，坚果具 2 斜上伸展的长翅，革质，成串下垂。花期 4 月，果期 8 ～ 9 月。

【分布与生境】产于慈溪丘陵区各地，平原有零星分布，生于山丘溪沟边和河滩地，以及平原四旁和湿地；浙江各地广布；秦岭以南各省份均有分布。

【用　途】树冠宽广，枝叶浓密，叶形独特，果形雅致，供平原四旁、公园、湿地和林荫道绿化观赏。材用；树皮、枝叶和种子供化工用；树皮、枝叶可入药；可作胡桃砧木或紫胶虫寄主树。

【附　注】慈溪有古树。

古枫杨

果枝

复叶

花序

青钱柳果枝

022 青钱柳

叶背

腋芽

【别　名】摇钱树

【学　名】*Cyclocarya paliurus*

【科　名】胡桃科 Juglandaceae

【形　态】落叶乔木。幼树树皮灰色，平滑，老皮灰褐色，深纵裂；裸芽具柄，叠生，生于腋外，具褐色腺鳞；小枝密被脱落性褐色毛，髓心片状分隔；叶片正面中脉、叶背、叶轴、花序轴均被毛和腺体。一回奇数羽状复叶互生，长 15 ～ 30cm；小叶 7 ～ 9（13）枚，互生稀近对生，小叶片椭圆形或长圆状披针形，长 3 ～ 15cm，先端渐尖，基部偏斜，边缘具细锯齿，叶背网脉清晰。坚果具圆盘状翅，直径 2.5 ～ 6cm。花期 5 ～ 6 月，果期 9 月。

【分布与生境】慈溪桥头等地有栽培；分布于湖州、杭州、绍兴、宁波、衢州、台州、丽水、温州等地；秦岭以南省份多有分布，我国特有。

【用　途】树体高大，果实具圆盘状翅，成串下垂，颇为奇特，供丘陵区、风景区造林和公园、庭园观赏。材用；嫩叶味甜，可代茶；树皮供化工用；树皮、叶入药。

叶背

023 板　栗

【别　名】栗子树

【学　名】*Castanea mollissima*

【科　名】壳斗科 Fagaceae

【形　态】落叶乔木。树皮灰褐色，不规则深纵裂；幼枝被灰褐色绒毛。单叶互生，排成2列。叶片长椭圆形至长椭圆状披针形，长8～20cm，先端短渐尖，基部圆形或宽楔形，侧脉直达齿端，背面被灰白色星状短绒毛；叶柄长1～2cm；托叶宽卵形、卵状披针形。雄花序为葇荑花序，灰白色，雌花生于雄花序基部。壳斗球形或扁球形，连刺直径3～6.5cm，坚果直径2～3.5cm。花期5～6月，果期9～10月。

【分布与生境】慈溪丘陵区各地广泛栽培，生于海拔350m以下的山坡林中、路旁或村宅旁；浙江各地有野生或栽培；广布于辽以南各省份。

【用　途】灰白色花序满树，秋叶转黄褐色，可供丘陵区经济栽培、风景区造林和大古塘以南平原区四旁绿化。著名干果，有“铁杆庄稼”的美誉；材用；树皮、壳斗供化工用；根、树白皮、叶、花、壳斗、外果皮、内果皮和种仁入药。

【相近种】茅栗（见024）。

板栗花枝

果枝

茅栗雄花序与幼果枝

024 茅 栗

壳斗（含坚果）

【学　名】*Castanea seguinii*

【科　名】壳斗科 Fagaceae

【形　态】落叶小乔木，常呈灌木状。小枝有短柔毛。单叶互生；叶倒卵状长椭圆形或长椭圆形，长 7 ～ 14cm，边缘锯齿具芒尖，叶背被黄褐色或灰褐色腺鳞；叶柄长 6 ～ 15mm；托叶宽大，宽卵形或卵状披针形。总苞连刺直径 3 ～ 5cm，内具坚果 2 ～ 3，坚果扁球形或卵状披针形，直径 1 ～ 1.5cm。花期 5 月，果期 9 ～ 10 月。

【分布与生境】产于慈溪丘陵区各地，生于海拔 50m 以上的山坡、岗地和路边；浙江各地山区均有分布；豫、陕以至长江以南地区均分布。

【用　途】叶形美观，总苞外形独特，供丘陵山区生态绿化。果食用；材用；根、树皮、花序、总苞和果实入药。

【相近种】板栗（见 023）。

025 苦　槠

【别　名】槠柴（慈溪）、乌槠

【学　名】*Castanopsis sclerophylla*

【科　名】壳斗科 Fagaceae

【形　态】常绿乔木。树皮浅纵裂，枝叶无毛；小枝绿色，具棱沟。单叶互生；叶厚革质，长椭圆形至卵状长圆形，长 7 ～ 14cm，排成 2 列，先端短尖至狭长渐尖，基部宽楔形，边缘中部以上疏生锐锯齿，叶背面有蜡质层，光亮，侧脉 10 ～ 14 对；叶柄长 1.5 ～ 2.5cm；干后叶背呈浅黄褐色。坚果单生于总苞内，壳斗深杯形，总苞的苞片排成 4 ～ 6 个同心环。花期 4 ～ 5 月，果期 10 ～ 11 月。

【分布与生境】产于慈溪丘陵区各地，广泛生于山坡、山岗、山麓、沟谷溪边林中、林缘，系地带性常绿阔叶林的代表性建群种之一；浙江各地均有分布；长江流域以南有分布。

【用　途】树冠高大，枝叶浓密，供公园、风景区和村庄绿化观赏及山地生态林营造。材用；果实富含淀粉，可炒食、酿酒、制苦槠豆腐等；树皮、叶、种仁入药。

【相近种】青冈（见 033）。

【附　注】慈溪有古树。

苦槠果枝

果枝

枝叶

花枝

叶背

树皮

米槠枝叶

026 米　槠

【学　名】*Castanopsis carlesii*

【科　名】壳斗科 Fagaceae

【形　态】常绿乔木。树皮灰白色，老时浅纵裂；枝条圆柱形，密生皮孔，幼时有稀少鳞秕；芽两侧压扁。单叶互生，排成2列；叶片薄革质，卵形、卵状披针形或卵状椭圆形，长6～8cm，先端尾尖或长渐尖，基部楔形，偏斜，全缘或中部以上具2～3个锯齿，背面幼时被灰棕色粉状鳞秕，老时苍灰色，侧脉9～12对；叶柄长5～8mm。坚果单生，壳斗近球形，苞片贴生，排成间断的6～7个环。花期3～4月，果期翌年10月。

【分布与生境】产于慈溪掌起、观海卫、市林场等丘陵区，生于海拔100m以上的山坡阔叶林中（慈溪新记录）；分布于湖州、杭州、宁波、衢州、台州、丽水、温州等地；东南沿海各省份有分布。

【用　途】树冠高大，枝叶浓密，四季常青，供公园、风景区绿化观赏，山地生态林营造。材用；果实味甜，可食用。

【相近种】石栎（见027）。

027 石　栎

【别　名】青锡、青柴（慈溪）

【学　名】*Lithocarpus glaber*

【科　名】壳斗科 Fagaceae

果实与雄花序

【形　态】常绿乔木。芽及小枝密被灰黄色细绒毛。单叶互生；叶片椭圆形或长圆状披针形，长 7 ～ 12cm，先端渐尖，基部楔形，全缘或近顶端有 1 ～ 3 对波状锯齿，背面被灰白色蜡质层，中脉在正面微凹，侧脉 6 ～ 8 对；叶柄长 1 ～ 1.5cm；干后叶背呈青灰色。果序轴细于其所着生的小枝；壳斗浅碗状，包围坚果的基部；坚果卵形或椭圆形，径 1 ～ 1.5cm，有光泽，略被白粉，果脐内陷。花期 9 ～ 10 月，果期翌年 9 ～ 11 月。

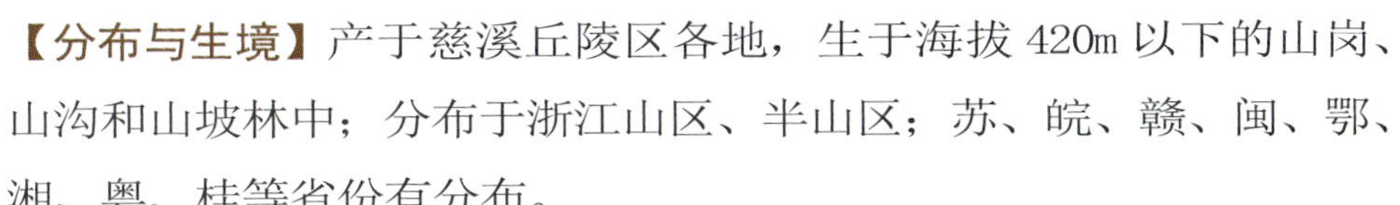

【分布与生境】产于慈溪丘陵区各地，生于海拔 420m 以下的山岗、山沟和山坡林中；分布于浙江山区、半山区；苏、皖、赣、闽、鄂、湘、粤、桂等省份有分布。

【用　途】枝叶茂密，冠大荫浓，果被白粉，特色明显，供风景区和生物防火林带造林，山地生态林营造，庭园、公园观赏。材用；叶和壳斗供化工用；果实可提取淀粉；树皮韧皮部入药。

【相近种】米槠（见 026）。

石栎果枝

栓皮栎果枝

028 栓皮栎

古栓皮栎

树皮

枝叶

【别　名】软木栎

【学　名】*Quercus variabilis*

【科　名】壳斗科 Fagaceae

【形　态】落叶乔木。树皮灰褐色，深纵裂，木栓层发达。单叶互生；叶片长圆状披针形或长椭圆形，长 8 ～ 15cm，先端渐尖，边缘锯齿具芒状尖头，叶背面灰白色，密生星状细绒毛，侧脉 13 ～ 18 对。壳斗碗状，具坚果 1 枚，包围坚果 2/3 以上，苞片钻形，反曲。花期 5 月，翌年 10 月果熟。

【分布与生境】产于慈溪丘陵区各地，生于海拔 80 ～ 400m 的向阳山坡林内；分布于湖州、杭州、宁波、舟山、衢州、丽水等地；辽以南，经华北，西至川，南达粤、桂，东迄台，均有分布。

【用　途】树干通直，树冠雄伟，浓荫如盖，秋叶橙褐色，可供风景区、防风林、防火林带造林和公园观赏。材用，木栓供制软木；壳斗供化工用；壳斗和果实入药。

【相近种】麻栎（见 029）。

【附　注】慈溪有古树。

029 麻　栎

【别　名】橡子树

【学　名】*Quercus acutissima*

【科　名】壳斗科 Fagaceae

【形　态】落叶乔木。树皮灰黑色，不规则深纵裂。小枝被脱落性黄色绒毛。单叶互生；叶片有光泽，长椭圆状披针形，萌枝上的叶常为鞋底形，长 9 ～ 16cm，先端渐尖，基部宽楔形或圆形，叶缘具刺芒状锯齿，背面淡绿色，无毛或仅在脉腋有簇毛。壳斗碗状，生于新枝下部的叶腋，坚果 1 枚，苞片钻形，反曲。花期 5 月，翌年 9 ～ 10 月果熟。

枝叶

花序

【分布与生境】慈溪丘陵区各地有栽培，生于低海拔山坡林中或路边；浙江丘陵地带多有分布；吉以南至粤、桂、台、川、云均有分布。

【用　途】树干通直，枝条广展，浓荫如盖，绿叶鲜亮，秋叶橙褐色，季相变化明显，供丘陵区混交造林，风景区、厂矿区、公路景观绿化。材用；果实（橡子）供食用，叶子饲养柞蚕；树皮、枝叶、壳斗供化工用；根皮、树皮、壳斗、果实入药。

【相近种】栓皮栎（见 028）。

麻栎果枝

030 槲　栎

叶背

壳斗与坚果

【学　名】*Quercus aliena*

【科　名】壳斗科 Fagaceae

【形　态】落叶乔木。树皮暗灰色，深裂；小枝细，直径 2 ～ 2.5mm，无毛。单叶互生；叶片倒卵状椭圆形或倒卵形，长 10 ～ 30cm，先端钝，基部楔形，边缘疏生波状钝圆锯齿，背面密被灰白色星状细绒毛，侧脉 11 ～ 18 对；叶柄长 1.5 ～ 3cm。壳斗浅杯状，包围坚果约 1/2，坚果长 2 ～ 2.5cm。花期 4 ～ 5 月，果期 10 月。

【分布与生境】产于慈溪龙山、掌起、观海卫等丘陵区，零星分布于海拔 50 ～ 350m 的山坡林中或林缘（慈溪新记录）；分布于杭州、临安、黄岩、奉化、泰顺等县市；苏、皖、闽、川、云、贵、鲁、豫、甘、辽、粤、桂等省份有分布。

【用　途】树冠扶疏，叶大美观，秋季变色，可供风景区绿化观赏，山地生态林营造。材用；幼叶饲养柞蚕；根、树皮、叶、壳斗入药。

【相近种】白栎（见 032）。

槲栎果枝

短柄枹幼果序

031 短柄枹

【别　名】柴树（慈溪）

【学　名】*Quercus serrata* var. *brevipetiolata*

【科　名】壳斗科 Fagaceae

【形　态】落叶乔木。单叶互生；叶片长椭圆状倒披针形或椭圆状倒披针形，长 5 ～ 11cm，先端渐尖，基部楔形，边缘具内弯腺齿，侧脉 7 ～ 12 对；叶柄长 2 ～ 5mm。壳斗杯形，包果约 1/3；坚果较短，长 0.8 ～ 1.5cm。花期 4 ～ 5 月，果实翌年 10 月成熟。

【分布与生境】产于慈溪丘陵区各地，生于海拔 420m 以下的阔叶林中；浙江分布极普遍；长江流域广泛分布。

【用　途】秋叶转色，供丘陵山区造林和风景区绿化。材用；坚果可做豆腐；果实药用。

【相近种】白栎（见 032）。

果枝

叶背

032 白　栎

【别　名】夏柴（慈溪）

【学　名】*Quercus fabri*

【科　名】壳斗科 Fagaceae

【形　态】落叶乔木。小枝较粗壮，直径 4 ～ 8mm，被脱落性褐色毛。单叶互生；叶片倒卵形或倒卵状椭圆形，长 6 ～ 16cm，先端钝，基部楔形，边缘具浅波状锯齿，背面被灰黄色星状毛，侧脉 8 ～ 12 对；叶柄短，长 3 ～ 6mm。壳斗碗状，坚果长 1.5 ～ 1.8cm。花期 5 月，果期 10 月。

【分布与生境】产于慈溪丘陵区各地，生于海拔 446m 以下的林中或次生灌丛中，有时成为群落建群种；浙江分布极广；广布于淮河以南、长江流域和华南、西南。

【用　途】秋叶橙褐色至红褐色，色彩艳丽，供风景区、厂矿区绿化观赏，山地生态林营造。材用；种子可提取淀粉；树皮、壳斗供化工用；壳斗状虫瘿入药。

【相近种】槲栎（见 030）；短柄枹（见 031）。

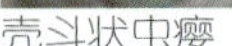
壳斗状虫瘿

秋叶

枝叶

白栎果枝

叶背

033 青　冈

【别　名】青柴（慈溪）

【学　名】*Cyclobalanopsis glauca*

【科　名】壳斗科 Fagaceae

【形　态】常绿乔木。树皮灰褐色，薄而不裂；小枝青褐色，无棱，幼时有毛，后脱落；芽圆锥形，有棱脊。单叶互生；叶片倒卵状椭圆形或椭圆形，长 6 ～ 13cm，先端短渐尖，基部近圆形或宽楔形，中部以上有锯齿（萌蘖枝上者可为全缘或先端具波状齿），背面被灰白色鳞秕（白粉）和平伏柔毛，侧脉 9 ～ 12 对；叶柄长 1 ～ 2.5cm；干后叶背呈青灰色。壳斗碗状，苞片合生成 5 ～ 8 条全缘的同心环带。花期 4 ～ 5 月，果期 9 ～ 10 月。

【分布与生境】产于慈溪丘陵区各地，生于海拔 400m 以下的山坡、山脊岗地、沟谷林中；浙江丘陵山地广泛分布；长江流域以南各省份有分布。

【用　途】枝叶茂密，树姿优美，供生物防火林带造林，风景区、公园绿化观赏，山地生态林营造。材用；果实可提取淀粉；树皮、壳斗供化工用。

【相近种】苦槠（见 025）；细叶青冈（见 034）。

青冈果枝

芽

034 细叶青冈

【别　名】青栲

【学　名】*Cyclobalanopsis myrsinifolia*

【科　名】壳斗科 Fagaceae

【形　态】常绿乔木。树皮灰褐色，不裂；小枝、芽及叶无毛。单叶互生；叶片卵状披针形或长圆状披针形，长 6 ～ 12cm，先端渐尖，基部楔形，近中部以上有锯齿，背面微被白粉，呈灰绿色，中脉在正面凹下，侧脉 10 ～ 14 对；叶柄细，长 1 ～ 2.5cm。壳斗碗形，苞片合生成 6 ～ 9 条全缘的同心环带。花期 4 月，果期 10 月。

叶背

【分布与生境】产于慈溪观海卫等丘陵区，生于海拔 200 ～ 350m 的丘陵较阴湿的林中；分布于湖州、杭州、宁波、台州、衢州、丽水等地；赣、闽、湘、贵、川、粤、桂等省份有分布。

【用　途】枝叶细密，叶色浓绿，四季常青，供低山丘陵潮湿地段混交造林。材用；皮、叶、种仁入药。

【相近种】青冈（见 033）。

细叶青冈果枝

杭州榆枝叶

035 杭州榆

树皮

顶芽与花序

【学　名】*Ulmus changii*

【科　名】榆科 Ulmaceae

【形　态】落叶乔木。树皮平滑不裂。冬芽卵圆形或近球形，芽鳞有短毛。单叶互生；叶片倒卵状长圆形、菱状倒卵形、椭圆状卵形或卵形，长 3 ～ 9（11）cm，先端短尖或长渐尖，基部圆形、微心形或楔形，边缘多为单锯齿，正面有光泽，在主脉凹陷处有毛（萌芽枝之叶正面粗糙），侧脉 12 ～ 24 对。花在春季先于叶开放。翅果被短毛。花期 3 月，果期 4 月。

【分布与生境】产于慈溪丘陵区各地，生于低海拔的山坡、山谷及溪边的阔叶林中（慈溪新记录）；分布于杭州、丽水、台州等地；苏、皖、赣、闽、湘、鄂、川等省份有分布。

【用　途】秋色叶树种，供低山丘陵、平原及碱性土绿化。材用；嫩叶、幼果可食用；果入药。

【相近种】榔榆（见 036）。

古榔榆

树皮

036 榔　榆

【别　名】榆树（通称）、小叶榆

【学　名】*Ulmus parvifolia*

【科　名】榆科 Ulmaceae

【形　态】落叶乔木。树皮不规则鳞片状剥落，内皮红褐色或绿褐色。小枝红褐色，被柔毛。单叶互生；叶片窄椭圆形、卵形或倒卵形，长 1.5 ～ 5.5cm，基部偏斜，先端钝尖，边缘具单锯齿（幼树及萌芽枝之叶有重锯齿），侧脉 10 ～ 15 对，正面无毛，有光泽，背面幼时被毛。花秋季开放，簇生于当年生枝的叶腋。翅果。花期 9 月，果期 10 月。

【分布与生境】产于慈溪各地，生于平原四旁、丘陵山坡、沟谷溪边的林中、林缘；浙江全省均有分布；华北、华东、中南、西南地区均产。

【用　途】树形优美，姿态潇洒，树皮斑驳，枝叶细密，秋叶变色，供风景区、平原四旁、湿地、碱性土、公园、庭园和厂矿区绿化观赏，山地生态林营造，亦供制桩景。材用；嫩叶、幼果可食用；茎叶、树皮和根皮入药。

【相近种】杭州榆（见 035）。

【附　注】慈溪有古树。

榔榆果枝

刺榆幼果枝

037 刺　榆

【学　名】*Hemiptelea davidii*

【科　名】榆科 Ulmaceae

【形　态】落叶小乔木，通常呈灌木状。具枝刺。叶 2 列互生，在小枝上呈“V”字形排列；叶片椭圆形或长圆形，长 2 ～ 6cm，先端钝尖，基部宽楔形，具整齐的桃尖形单锯齿，侧脉 8 ～ 15 对，正面幼时具毛，后仅留粗糙毛迹，背面仅中脉疏生毛或无毛；叶柄长约 2mm。花杂性同株；花叶同放。小坚果具歪斜之翅。花期 4 ～ 5 月，果期 9 ～ 10 月。

叶片与枝刺

【分布与生境】产于慈溪龙山、掌起、市林场等丘陵区，生于海拔 300m 以下的山坡、沟谷溪边和路旁；分布于杭州、宁波及安吉、开化、龙泉、天台、新昌等地；苏、皖、赣、湘、鲁、冀、晋、陕、辽、吉等省份有分布。

【用　途】枝叶细密，枝刺特别，秋叶变色，适于风景区混交造林，公园、厂矿区、湿地、碱性土绿化，绿篱和桩景培育。材用；嫩叶、幼果可食用；根皮、树皮、叶入药。

038 榉　树

【别　名】大叶榉

【学　名】*Zelkova schneideriana*

【科　名】榆科 Ulmaceae

【形　态】落叶乔木。树皮不裂，老树皮薄片状剥落后仍光滑；一年生枝灰色，密被灰色柔毛。单叶互生；叶形变化大，卵形、卵状披针形、椭圆状卵形，叶缘具桃尖形单锯齿，正面粗糙，具脱落性硬毛，背面密被淡灰色柔毛，侧脉 8 ～ 14 对，直达齿尖；叶柄长 1 ～ 4mm。坚果歪斜，径 2.5 ～ 4mm。花期 3 ～ 4 月，果期 10 ～ 11 月。

【分布与生境】产于慈溪龙山、掌起、市林场等丘陵区，生于海拔 350m 以下的丘陵林中、林缘及溪沟边，平原和沿海常栽培；分布于浙江各地；淮河流域、长江中下游及其以南地区有分布。

【用　途】树体雄伟，树干通直，冠大荫浓，枝叶细密，秋季叶色艳丽，供风景区、公园、庭园、平原四旁、轻盐碱土绿化，亦可制桩景。材用（珍贵树种）；树皮和叶入药。

【附　注】国家Ⅱ级重点保护野生植物；慈溪有古树。

各式叶片

树皮

古榉树

榉树果枝

果枝

039 糙叶树

【别　名】糙叶榆

【学　名】*Aphananthe aspera*

【科　名】榆科 Ulmaceae

【形　态】落叶乔木。树皮黄褐色。一年生小枝纤细，“之”字形曲折，顶芽缺。单叶互生；叶片卵形或椭圆状卵形，长 4 ～ 13cm，先端渐尖或长渐尖，基部近圆形或宽楔形，叶缘自基部以上有细尖单锯齿，两面被平伏硬毛，粗糙，基出三出脉，侧脉直伸达齿端；叶柄长 5 ～ 17mm。核果近球形，具宿存的花萼及花柱。花期 4 ～ 5 月，果期 10 月。

【分布与生境】产于慈溪龙山、掌起、观海卫等丘陵区，生于海拔 100 ～ 350m 的山坡、溪边阔叶林中、竹林林缘或路旁（慈溪新记录）；分布于杭州、宁波、舟山、衢州、台州、丽水、温州等地；长江、汉水流域以南至云、粤、桂、台有分布。

【用　途】树干挺拔，树冠开张，枝叶茂密，浓荫盖地，秋叶转色，供风景区、寺院、公园、庭园、湿地和平原四旁绿化，山地生态林营造。材用；叶制作土农药杀虫；叶可擦亮金属器具；根皮、树皮入药。

【附　注】慈溪有古树。

古糙叶树

枝叶

040 山油麻

【学　名】*Trema cannabina* var. *dielsiana*

【科　名】榆科 Ulmaceae

【形　态】落叶灌木或小乔木。小枝纤细，黄褐色，连叶柄密被开展的粗毛。单叶互生；叶片薄纸质，卵形、卵状长圆形或卵状披针形，长 4 ～ 10cm，先端尾尖，基部圆形或浅心形，叶缘自基部开始具较细的单锯齿，基出三出脉，侧脉弧曲不达齿端，正面多少被毛，背面被较密柔毛，沿脉具较长硬毛；叶柄长 5 ～ 10mm。聚伞花序腋生，花淡黄色。核果熟时由橙黄转红色。花期 3 ～ 6 月，果期 9 ～ 10 月。

【分布与生境】产于慈溪丘陵区各地，生于海拔 400m 以下的疏林中、林缘、溪沟边灌丛中（慈溪新记录）；分布于杭州、宁波、衢州、台州、丽水、温州等地；苏、皖、赣、闽、鄂、湘、贵、川、粤、桂等省份有分布。

【用　途】果色艳丽，秋叶转色，供断面、边坡覆绿，公园、庭园观赏。种子供化工用；根、嫩叶入药。

花枝

山油麻果枝

041 紫弹树

【别　名】黄果朴、紫弹朴

【学　名】*Celtis biondii*

【科　名】榆科 Ulmaceae

【形　态】落叶乔木。树皮灰绿色，平滑；小枝红褐色，密被锈褐色绒毛。单叶互生；叶片卵形或卵状椭圆形，长 2.5 ～ 8cm，先端渐尖，基部宽楔形，稍偏斜，边缘中部以上有疏齿，稀全缘，幼叶两面散生毛，正面较粗糙，三出脉，背面网脉凹陷；叶柄长 3 ～ 8mm。核果 2 ～ 3 着生叶腋，近球形，熟时橙红色，果梗长为叶柄的 2 倍以上，长 1 ～ 1.8cm，总梗长 2 ～ 5mm。花期 4 ～ 5 月，果期 9 ～ 10 月。

果与叶背

枝叶

【分布与生境】产于慈溪掌起、匡堰等丘陵区，生于山坡、沟谷林中，也见于峭壁上；分布于浙江各地；华东、华中、西南以及陕、甘等省份有分布。

【用　途】秋色叶树种，冠大荫浓，供山坡、峭壁绿化，公园、湿地观赏。材用；根皮、茎枝及叶入药。

【相近种】朴树（见 042）。

紫弹树果枝

042 朴　树

【别　名】沙朴

【学　名】*Celtis sinensis*

【科　名】榆科 Ulmaceae

【形　态】落叶乔木。树皮灰褐色，粗糙而不裂；小枝密被毛。单叶互生；叶片宽卵形、卵状长椭圆形，长 3.5 ～ 10cm，先端急尖，基部圆形，偏斜，边缘中部以上具疏而浅锯齿，正面无毛，背面叶脉及叶腋疏生毛，三出脉，网脉隆起；叶柄长 5 ～ 10mm，被柔毛。核果单生，或 2 ～ 3 个并生叶腋，近球形，熟时红褐色，果梗与叶柄近等长。花期 4 月，果期 10 月。

【分布与生境】产于慈溪丘陵区各地，在平原偶有生长，常生于山坡、灌丛、溪沟边以及平原村落郊野与四旁；浙江各地均有分布；华中、华东、西南及陕等地也有分布。

【用　途】秋色叶树种，树干古朴苍劲，冠大荫浓，供山地生态林营造，风景区、平原四旁、轻盐碱土、湿地、厂矿区绿化，公园、庭园观赏或桩景制作。材用；种子供化工用；树皮和叶入药。

【相近种】紫弹树（见 041）。

【附　注】慈溪有古树。

幼果枝

古朴树

果枝

枝叶

043 桑　树

【学　名】*Morus alba*

【科　名】桑科 Moraceae

【形　态】落叶乔木。树皮灰白色，浅纵裂；顶芽缺；枝叶具乳状树液。单叶互生；叶片宽卵形，长 5 ～ 15（20）cm，先端急尖或钝，基部近心形，边缘有粗锯齿，有时有缺刻，正面无毛而有光泽，背面脉上有疏毛，掌状脉 3 ～ 5，脉腋有簇毛。雌雄异株；雌蕊无花柱。花期 4 ～ 5 月，果期 5 ～ 6 月。

叶背

【分布与生境】慈溪各地习见栽培，生于平原四旁、山麓、山坡林缘及沿海地带；浙江广泛分布；全国各地均有栽培。

【用　途】树冠宽阔，枝繁叶茂，秋叶转黄色，可经济栽培，供平原四旁、公园、厂矿区、盐碱地、湿地和庭园绿化。叶饲蚕，果可生食，叶可作菜；材用；根、皮、枝、叶、果入药。

桑树果枝

构树雌花序

果实

树皮

雄花序

044 构　树

【别　名】谷浆树（慈溪）、榖树（榖音 gǔ）

【学　名】*Broussonetia papyrifera*

【科　名】桑科 Moraceae

【形　态】落叶乔木。树皮灰色，平滑，有大小不等的深色斑纹或斑块。小枝粗壮，密被刚毛，顶芽缺；枝叶具乳状树液；叶背、叶柄密被绒毛。单叶互生，常在枝端对生；叶片宽卵形，长 7 ～ 18cm，不裂或 3 ～ 5 深裂（幼枝或小树深裂更显著），裂片大小不规则，叶正面具糙伏毛，叶缘有粗齿，三出脉；托叶发达而早落。雌雄异株；雄花序为葇荑花序，雌花序头状。聚合果球形，径约 3cm，由橙红色小核果组成。花期 5 月，果期 8 ～ 9 月。

【分布与生境】产于慈溪各地，生于山坡路边、山谷溪边、平原四旁以至滨海一带，由于鸟类传播种子，墙缝、屋顶也见小树生长；浙江各地常见；黄河流域、长江流域和珠江流域有分布。

【用　途】果色鲜艳，秋叶转色，供平原四旁、边坡、厂矿区、荒滩、湿地、盐碱地绿化。材用，为重要的造纸原料树种；雄花序、嫩芽可食用，叶作饲料；根、树皮、树枝、叶、果实以及皮间浆液均入药。

【相近种】藤葡蟠（见 045）。

045 藤葡蟠

【别　名】藤构

【学　名】*Broussonetia kaempferi* var. *australis*

【科　名】桑科 Moraceae

【形　态】落叶藤本，有时灌木状，具乳状树液；小枝干后褐紫色。单叶互生，叶片长卵形或椭圆状卵形，长 4 ～ 7（14）cm，先端长渐尖，基部浅心形，通常不对称，基出三出脉，叶缘不裂；叶柄长 0.6 ～ 1cm。雌雄异株；雄花序为葇荑花序，雌花序头状。聚合果球形，径 0.8 ～ 1cm，由橙红色小核果组成。花期 4 月，果期 6 月。

【分布与生境】产于慈溪丘陵区各地，生于山坡、溪谷、路边、崖缘等处，常攀援于他物上；浙江各地有分布；华南、华中有分布。

【用　途】幼叶紫色，果色鲜艳，可供荒滩、湿地、断面绿化。纤维植物；全株入药。

【相近种】构树（见 044）。

果枝

藤葡蟠花序

046 柘　木

【别　名】柘树

【学　名】*Cudrania tricuspidata*

【科　名】桑科 Moraceae

【形　态】落叶小乔木，通常呈灌木状。具乳汁。树皮淡灰色，不规则薄片剥落。幼枝被脱落性细毛，老枝叶枕凸起，有枝刺。单叶互生；叶片卵形至倒卵形，长 2.5 ～ 11cm，先端尖或钝，基部圆形或楔形，全缘或三裂；萌芽枝和幼树枝刺明显，叶多分裂；叶柄长 5 ～ 20mm。聚花果球形，径约 2.5cm，橘红色或橙黄色。花期 6 月，果期 9 ～ 10 月。

【分布与生境】产于慈溪丘陵区各地，平原地区零星分布，多生于山脊石缝，山坡林缘、灌丛中或林中、疏林下、溪沟边，以及平原四旁；浙江各地均有分布；华东、中南、西南、华北有分布。

【用　途】秋叶变色，果在落叶后常挂于枝上，艳丽夺目，可供陡坡、荒滩地、公园、庭园、厂矿区绿化。材用；嫩叶、果可食用，叶可饲蚕；根、棘刺、木材、根皮、树干内皮、茎叶、果实均入药。

【相近种】葨芝（见 047）。

成熟果枝

花序

柘木枝刺

047 葨　芝

【别　名】构棘

【学　名】*Cudrania cochinchinensis*

【科　名】桑科 Moraceae

【形　态】常绿灌木，直立或蔓生。枝叶具乳汁；小枝具粗壮、直立或略弯的枝刺，断面黄色。单叶互生；叶片革质，倒卵状椭圆形或椭圆形，长 3 ～ 8cm，宽 1 ～ 2.5cm。先端钝，有凹缺或渐尖，基部楔形，全缘，正面有光泽，两面无毛，中脉正面凹陷，侧脉 6 ～ 8 对；叶柄长 5 ～ 10mm。肉质聚花果球形，径 3 ～ 5cm，橙红色，有毛。花期 4 ～ 5 月，果期 9 ～ 10 月。

叶背与枝刺

枝叶

【分布与生境】产于慈溪龙山、观海卫、桥头、匡堰、市林场等丘陵区，生于沟谷溪边灌丛中或山坡湿润林下；分布于浙江东部、南部地区；我国中部和南部地区有分布。

【用　途】叶小而密集，聚花果美观，供湿地、公园、庭园绿化和盆景制作。材用；木材又供化工用，为黄色染料；果可食；根、棘刺和果实入药。

【相近种】柘木（见 046）。

葨芝幼果枝

天仙果成熟果枝

048 天仙果

【别　名】猢狲蟠桃（慈溪）

【学　名】*Ficus erecta*

【科　名】桑科 Moraceae

【形　态】落叶小乔木或灌木。植物体有乳汁。单叶互生；叶片厚纸质，倒卵状椭圆形或长圆形，稀略呈鞋底形，长 7 ～ 18cm，先端渐尖，基部圆形或浅心形，全缘，稀上部有疏齿，正面粗糙，疏生短粗毛，背面被柔毛，具乳头状突起，基出脉 3 条，侧脉 5 ～ 7 对；叶柄长 1 ～ 4（7）cm。隐头花序单生或成对腋生，球形或近梨形。隐花果直径 1.1 ～ 1.5（2）cm，熟时暗红色至亮黑色，有淡红色斑点。花期 4 月，果期 8 ～ 9 月。

【分布与生境】产于慈溪丘陵区各地，生于山坡林下阴湿处，山谷、溪边灌木丛中（慈溪新记录）；分布于浙江东部、南部及西南部；沪、赣、闽、台、湘、云、贵、粤、桂等省份有分布。

【用　途】冠形优美，幼叶略带红色，秋叶转色，供公园、庭园、湿地、厂矿区绿化。纤维植物；嫩叶、雌性隐花果可食用；根、茎叶、果入药。

叶背

果枝

薜荔生境

049 薜　荔

枝叶

果枝

【别　名】木笃（慈溪）、凉粉果、木莲藤

【学　名】*Ficus pumila*

【科　名】桑科 Moraceae

【形　态】常绿藤本。枝叶有白色乳汁。单叶互生；叶二型：营养枝上的叶片小而薄，心状卵形，长约 2.5cm 或更短；果枝上的叶片较大，厚革质，卵状椭圆形，长 4 ～ 10cm，先端钝，全缘，基部心形，正面无毛，光亮，背面有短柔毛，网脉蜂窝状显著突起；叶柄粗短。隐头花序单生于叶腋，隐花果梨形，长约 5cm。花期 5 ～ 6 月，果期 9 ～ 10 月。

【分布与生境】广泛产于慈溪丘陵区各地，平原亦产，以不定根攀援于墙壁、树干或溪边岩石上；分布于浙江各地；长江以南均有分布。

【用　途】枝叶繁茂，叶色浓绿光亮，果大形美，供边坡、断面、墙体、拱门、树干、桥柱垂直绿化和石景点缀。雌性隐花果可做凉粉食用；根、不育幼枝、茎叶及未成熟的隐花果可入药。

【相近种】珍珠莲（见 050）。

叶背

果（侧面）

050 珍珠莲

【学　名】*Ficus sarmentosa* var. *henryi*

【科　名】桑科 Moraceae

【形　态】常绿攀援或匍匐状灌木。枝叶有白色乳汁。单叶互生；革质，椭圆形（营养枝之叶卵状椭圆形），长 6 ～ 12cm，先端渐尖或尾尖，基部圆形或宽楔形，全缘或微波状，正面无毛，背面密被褐色柔毛或长柔毛，网脉隆起成蜂窝状；叶柄粗壮，长 1 ～ 2cm。隐头花序单生或成对腋生，无梗或有短梗，隐花果圆锥形或近球形，长 1.5 ～ 2cm。花期 4 ～ 5 月，果期 8 月。

【分布与生境】产于慈溪龙山、掌起、观海卫、桥头、匡堰、市林场等丘陵区，常攀援于树干、岩石或墙上；分布于浙江山区和半山区；华东、华南和西南有分布。

【用　途】枝叶繁茂，叶形可爱，供边坡、裸岩绿化。果可做凉粉食用；根、藤及花托入药。

【相近种】薜荔（见 049）。

珍珠莲果枝

伏毛苎麻花序

051 伏毛苎麻

【别　名】野苎麻

【学　名】*Boehmeria nivea* var. *nipononivea*

【科　名】荨麻科 Urticaceae

【形　态】亚灌木。具横走的根状茎，茎密被短伏毛。单叶互生；叶片纸质，卵形，长 5～16cm，先端骤尖，基部楔形，边缘有三角状粗锯齿，正面粗糙，散生粗硬毛或无毛，背面密被交织的白色柔毛，基脉 3 出，侧脉 2～3 对；叶柄密生开展的白色长硬毛。团伞花序圆锥状。花果期 7～10 月。

【分布与生境】产于慈溪丘陵区各地，生于山坡林缘、路边、水沟边或林下杂草丛中；分布于浙江各地；皖、赣、粤、台等省份有分布。

叶背

【用　途】叶形美观，正背两面色差显著，供断面边坡绿化。纤维植物；种油、根状茎和嫩茎叶供食用，嫩叶还可饲蚕和作牲畜饲料；种子供化工用；根、皮、叶、花入药。

【相近种】大叶苎麻（见 052）；紫麻（见 053）。

052 大叶苎麻

【别　名】野线麻

【学　名】*Boehmeria japonica*

【科　名】荨麻科 Urticaceae

【形　态】亚灌木。茎幼时四棱形，密被白色短伏毛。单叶对生；叶片纸质，卵形至宽卵形，长 7 ～ 19（25）cm，先端长渐尖或尾尖，有时具不明显的三骤尖，基部宽楔形或近圆形，边缘具不整齐的牙齿，上部常有重锯齿，正面粗糙，背面疏生或密被短柔毛，基脉 3 出；叶柄长 2 ～ 8cm。团伞花序集成长穗状。花果期 6 ～ 9 月。

花枝

【分布与生境】产于慈溪龙山、观海卫、匡堰等丘陵区海拔较高处，生于山坡草丛中或路旁乱石处；分布于杭州、宁波、台州、丽水、温州等地；苏、皖、闽、台、湘、鄂、川、鲁、豫、陕、粤、桂等省份有分布。

【用　途】叶形美观，可作风景区、郊野公园地被和乱石滩绿化树种。纤维植物；嫩叶可作牲畜饲料；根或全草入药。

【相近种】伏毛苎麻（见 051）。

大叶苎麻生境

053 紫　麻

【学　名】*Oreocnide frutescens*

【科　名】荨麻科 Urticaceae

【形　态】落叶灌木。小枝紫褐色，被脱落性短柔毛。单叶互生，常聚生于小枝上部；叶片纸质，卵形或狭卵形，长 2.5 ～ 11.5cm，先端渐尖或尾状尖，基部近圆形或宽楔形，边缘有锯齿，正面粗糙，具点状钟乳体，背面被交织的白色柔毛或短茸毛，基脉 3 出；叶柄长 0.5 ～ 7cm，上部的较短。雌雄异株。种子生于白色肉质的花被内。花期 4 ～ 5 月，果期 7 月。

紫麻生境

【分布与生境】产于慈溪丘陵区各地，生于山坡阴湿处或沟旁乱石堆草丛中（慈溪新记录）；分布于杭州、台州、宁波、丽水等地；皖、赣、闽、台、鄂、湘、川、云、贵、陕、粤、桂等省份有分布。

【用　途】种子生于白色肉质的花被内，富有特色，适于点缀石景、作公园林下地被或绿化阴向水湿地。纤维植物；果可食；叶、果或全株入药。

【相近种】伏毛苎麻（见 051）。

叶背

托叶

果序

花枝

叶背与种子

红叶树果枝

054 红叶树

【别　名】越南山龙眼

【学　名】*Helicia cochinchinensis*

【科　名】山龙眼科 Proteaceae

【形　态】常绿乔木，常灌木状。树皮褐色，不裂；枝、叶无毛；当年生小枝绿色。单叶互生；叶片薄革质或纸质，狭椭圆形至倒卵状披针形，长 5 ～ 11cm，先端渐尖，基部楔形，中部以上有粗锐锯齿或近全缘（幼树及萌芽枝之叶具粗锐锯齿），正面绿色，有光泽，叶脉两面均不明显；叶柄长 0.7 ～ 1.5cm。总状花序，花有香味；坚果熟时紫黑或蓝紫色，微被白粉，具光泽。花期 7 ～ 8 月，果期 10 ～ 12 月。

【分布与生境】产于慈溪掌起、观海卫等丘陵区，生于海拔 100 ～ 300m 的沟谷边阔叶林中（慈溪新记录）；分布于宁波、舟山、丽水、台州、温州等地；长江以南各省份均有分布。

【用　途】冠形优美，叶色浓绿，供丘陵山区生态绿化，生物防火林带混交造林，风景区、公园、庭园美化观赏。材用；种子提取淀粉或供化工用；根、叶、种子入药。

055 青皮木

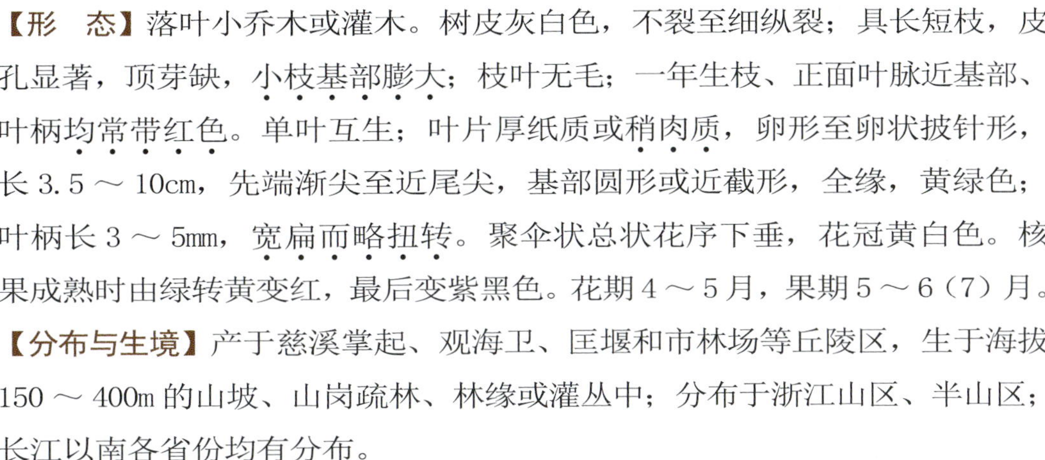

果序与叶背

树皮

【学　名】*Schoepfia jasminodora*

【科　名】铁青树科 Olacaceae

【形　态】落叶小乔木或灌木。树皮灰白色，不裂至细纵裂；具长短枝，皮孔显著，顶芽缺，小枝基部膨大；枝叶无毛；一年生枝、正面叶脉近基部、叶柄均常带红色。单叶互生；叶片厚纸质或稍肉质，卵形至卵状披针形，长 3.5 ～ 10cm，先端渐尖至近尾尖，基部圆形或近截形，全缘，黄绿色；叶柄长 3 ～ 5mm，宽扁而略扭转。聚伞状总状花序下垂，花冠黄白色。核果成熟时由绿转黄变红，最后变紫黑色。花期 4 ～ 5 月，果期 5 ～ 6（7）月。

【分布与生境】产于慈溪掌起、观海卫、匡堰和市林场等丘陵区，生于海拔 150 ～ 400m 的山坡、山岗疏林、林缘或灌丛中；分布于浙江山区、半山区；长江以南各省份均有分布。

【用　途】树姿优美，枝叶婆娑，新枝、叶柄及叶脉均常带红色，秋叶转色，花黄白色，果实色彩丰富，鲜艳夺目，供风景区、公园、庭园绿化观赏。材用；全株入药。

枝叶

青皮木果枝

芽

花

叶缘

牡丹花枝

056 牡　丹

【学　名】*Paeonia suffruticosa*

【科　名】毛茛科 Ranunculaceae

【形　态】落叶灌木。茎短而粗壮，皮黑灰色；叶片正面、叶柄、叶轴均无毛。叶互生；二回三出复叶；顶生小叶片宽卵形，长 7 ～ 8cm，3 裂至中部，裂片上部 3 浅裂或不裂，边缘光滑，背面近无毛或沿中脉疏生短柔毛，有时具白粉，小叶柄长 1.2 ～ 3cm；侧生小叶片略小，狭卵形或斜卵形，不等的 2 ～ 3 浅裂或不裂，近无柄；叶柄长 5 ～ 11cm。花大型，直径 12 ～ 20cm 或更大，花丝紫红色或粉红色；心皮密生柔毛。花期 4 ～ 5 月，果期 6 月。

【分布与生境】慈溪各地有栽培，以宗汉和匡堰较集中；浙江及全国各地广泛栽培。

【用　途】花色多样，姿态各异，雍容华贵，为我国传统“十大名花”之一，曾被清朝政府定为国花。在园林中可孤植、丛植或片植，或建牡丹专类园，亦可盆栽和作切花。根皮入药；花瓣可蒸酒；花、叶可供化工用。

057 柱果铁线莲

【学　名】*Clematis uncinata*

【科　名】毛茛科 Ranunculaceae

【形　态】常绿藤本。除花柱有羽状毛及萼片外面边缘具短毛外，其余光滑无毛。叶对生；一至二回羽状复叶，茎基部为单叶或三出复叶；小叶片薄革质或纸质，宽卵形、长圆状卵形至卵状披针形，长 3 ～ 13cm，先端急尖至渐尖，基部宽楔形或圆形，稀浅心形，全缘，背面略被白粉，两面网脉突出；小叶柄中上部具关节。圆锥状聚伞花序常长于叶；花瓣状萼片 4 枚，白色。瘦果，宿存花柱长 1 ～ 2cm。花期 6 ～ 7 月，果期 7 ～ 9 月。

成熟果序

茎叶

【分布与生境】产于慈溪丘陵区各地，生于旷野、山坡、山谷、溪边的灌丛或林缘；分布于杭州、宁波、绍兴、舟山、衢州、金华、台州、丽水、温州等地；苏、皖、赣、闽、湘、川、云、贵、粤、桂等省份有分布。

【用　途】叶形奇妙，花序大，供边坡、断面覆绿，陡坡、山谷生态绿化，公园、庭园垂直绿化和石景美化。全株入药。

【相近种】山木通（见 060）；威灵仙（见 061）。

柱果铁线莲果枝

女萎果枝

花枝

058 女 萎

【别 名】钥匙藤、花木通

【学 名】*Clematis apiifolia*

【科 名】毛茛科 Ranunculaceae

【形 态】落叶藤本。茎、小枝、花序梗和花梗密生伏贴短柔毛。三出复叶对生；小叶片卵形至宽卵形，长 2.5 ～ 8cm，常有不明显 3 浅裂，边缘具缺刻状粗齿或牙齿，正面疏生贴伏的短柔毛或无毛，背面疏生短柔毛或仅沿叶脉较密。圆锥状聚伞花序，花瓣状萼片 4 枚，白色。瘦果，宿存花柱长约 1.5cm。花期 7 ～ 9 月，果期 9 ～ 11 月。

【分布与生境】产于慈溪丘陵区各地，生于海拔 380m 以下的向阳山坡、沟谷灌丛、林缘或路旁；分布于杭州、宁波、舟山、衢州、台州、丽水、温州等地；沪、苏、皖、赣、闽等省份有分布。

【用 途】花繁洁白，供边坡、断面、枯树桩覆绿，公园、庭园垂直绿化和石景美化。全株入药。

毛叶铁线莲花枝

059 毛叶铁线莲

【学　名】*Clematis lanuginosa*

【科　名】Ranunculaceae 毛茛科

【形　态】落叶藤本。茎具纵棱，棕色或紫红色，节上常具宿存柔毛。单叶互生，偶为三出复叶；叶片薄纸质，卵状披针形或心形，长（4）6～12cm，先端渐尖，基部心形或近圆形，全缘，正面疏被淡黄色绒毛，背面密被紧贴且常宿存的淡灰色绵毛，基出脉（3）5（7）条；叶柄长4～8cm，扭曲，被黄色柔毛。花单生枝顶，直径7～15cm，花瓣状萼片（5）6枚，淡紫色。瘦果，宿存花柱卷曲成绒球状。花期5～7月，果期7～8月。

果序

花（侧面）

【分布与生境】产于慈溪龙山（达蓬山）等地，生于海拔150m的沟谷林缘（慈溪新记录）；分布于北仑、鄞州、镇海、奉化、余姚、普陀、天台等县市，浙江特有种。

【用　途】花大艳丽，果实奇特，极具观赏价值，可供公园、庭园垂直绿化或盆栽观赏。

060 山木通

【学　名】*Clematis finetiana*

【科　名】毛茛科 Ranunculaceae

【形　态】常绿攀援藤本。全株无毛；小枝有棱。三出复叶对生，茎下部为单叶；小叶片薄革质，卵状披针形、狭卵形至卵形，长 3 ～ 9（16）cm，先端渐尖，基部圆形、浅心形或斜肾形，全缘，叶脉两面凸起，新鲜时正面平坦至微凹，网脉明显；叶柄长 5 ～ 6cm。花单生，或为聚伞花序、总状聚伞花序；花瓣状萼片 4（6），白色，长 1.5 ～ 2cm。瘦果，宿存花柱长 1.5 ～ 3cm。花期 4 ～ 6 月，果期 7 ～ 11 月。

【分布与生境】产于慈溪丘陵区各地，生于海拔 100m 以上的向阳山坡、沟谷林缘、路旁灌丛中；分布于湖州、杭州、绍兴、金华、衢州、台州、丽水、温州等地；我国西南、中南及苏、皖、赣、闽等省份有分布。

【用　途】叶形奇，花色白，供边坡、断面覆绿，公园、庭园垂直绿化和石景美化。根、茎、叶、花入药。

【相近种】柱果铁线莲（见 057）、威灵仙（见 061）。

山木通茎叶

果序

须根

061 威灵仙

【别 名】铁脚威灵仙

【学 名】*Clematis chinensis*

【科 名】毛茛科 Ranunculaceae

【形 态】半常绿攀援藤本，全株暗绿色，干后变黑色。根丛生，须状，咀嚼有辣味。茎无毛。一回羽状复叶对生；小叶5，有时3～7，偶尔2～3裂至2～3小叶，叶片卵形至卵状三角形，或线状披针形，长1.2～8cm，先端急尖或渐尖，有时微凹，基部圆形或宽楔形，全缘，两面近无毛，两面网脉不明显，叶轴上部与小叶柄扭曲。花序圆锥状，花瓣状萼片4（5），白色。瘦果，宿存花柱长1.8～5cm。花期6～9月，果期8～11月。

花枝

【分布与生境】产于慈溪龙山、桥头、匡堰和市林场等丘陵区，生于海拔400m以下的山坡、林缘沟谷和灌丛中；分布于杭州、舟山、台州、丽水、温州等地；秦岭、淮河以南各省份有分布。

【用 途】叶形奇特，白花繁多，供边坡、断面覆绿，公园、庭园垂直绿化和石景美化。全株入药，并用作土农药杀虫。

【相近种】柱果铁线莲（见057）；山木通（见060）。

威灵仙生境

木通果枝

茎叶

062 木　通

【学　名】*Akebia quinata*

【科　名】木通科 Lardizabalaceae

【形　态】落叶藤本。全体无毛；幼枝略带紫色，有圆形皮孔。掌状复叶互生；叶柄细长，小叶 5，稀 4 或 6 ～ 7，倒卵形或椭圆形，长 2 ～ 6cm，先端圆钝，微凹，并有小尖头，基部宽楔形或圆形，全缘；小叶柄长 8 ～ 15mm，中央的最长。总状花序腋生，雄花紫红色，雌花暗紫色。肉质蓇葖果浆果状，椭圆形或长圆形，长 6 ～ 8cm，成熟时灰白或灰黄色。花期 4 月，果期 8 月。

【分布与生境】产于慈溪丘陵区各地，生于山坡疏林、灌丛、溪边、路旁、墙垣等处；分布于湖州、杭州、宁波、台州、丽水、温州等地；秦岭以南省份有分布。

【用　途】叶秀，花香，果奇特，供边坡、断面覆绿，公园、庭园垂直绿化及盆景制作。果可生食；果实、茎藤、根入药。

花枝

大血藤果枝

063 大血藤

复叶

花枝

【别　名】红藤、血木通

【学　名】*Sargentodoxa cuneata*

【科　名】木通科 Lardizabalaceae

【形　态】落叶藤本，木质。全体无毛；茎灰褐色，圆柱形，有条纹，折断有红色汁液流出。三出复叶互生，叶柄长 3 ～ 12cm；中央小叶片长圆形或菱状倒卵形，长 5 ～ 12cm，先端钝或急尖，基部楔形，小叶柄长 5 ～ 18mm；侧生小叶较大，偏斜卵形，基部两侧不对称，无小叶柄。雌雄异株；总状花序下垂。聚合果，直径 3 ～ 4.5cm，略松散，小浆果紫黑色或蓝黑色，被白粉，具长 1cm 左右的紫红色小果柄。花期 5 月，果期 9 ～ 10 月。

【分布与生境】产于慈溪龙山、掌起、观海卫、市林场等丘陵区，生于山坡或沟谷疏林中；分布于湖州、杭州、衢州、台州、丽水、温州等地；苏、皖、赣、鄂、湘、川、云、粤、桂等省份有分布。

【用　途】叶形奇特，花香果美，供边坡、断面覆绿，公园、庭园垂直绿化。材用（茎皮纤维）；根和藤入药；根、茎叶可做土农药。

064 阔叶十大功劳

十大功劳枝叶

果枝

【学　名】*Mahonia bealei*

【科　名】小檗科 Berberidaceae

【形　态】常绿灌木。全体无毛；枝断面黄色；一回羽状复叶互生，长 25 ～ 40cm；叶轴具膨大关节；叶柄基部鞘状抱茎；小叶对生，7 ～ 19 枚，厚革质，卵形，侧生小叶无柄，自基部向上渐次增大，顶生小叶长 4 ～ 12cm，先端渐尖，基部近圆形或宽楔形，叶缘反卷，每边具 2 ～ 8 个刺状锯齿，正面蓝绿色而光亮，背面黄绿色。总状花序 6 ～ 9 簇生，长 5 ～ 12cm，直立枝顶，花黄色。浆果熟时蓝黑色，被白粉。花期深秋至翌年 3 月，果期 4 ～ 8 月。

【分布与生境】慈溪各地有栽培；分布于杭州、衢州、金华、丽水、台州、温州等地；皖、赣、闽、鄂、湘、两广、贵、豫、陕、甘等省份有分布。

【用　途】叶形奇特，叶色浓绿，花色鲜艳，芬芳，蓝果被白霜，供公园、庭园作地被，点缀石景，或作绿篱。根、茎、叶入药。

【附　注】十大功劳（狭叶十大功劳 *M. fortunei*）小叶 5 ～ 11 枚，长圆状披针形至披针形，侧生小叶大小近相等，顶生小叶基部楔形，浆果长 4 ～ 5mm，慈溪有栽培。

阔叶十大功劳花枝

065 南天竹

【学　名】*Nandina domestica*

【科　名】小檗科 Berberidaceae

【形　态】常绿灌木。茎丛生而少分枝，枝叶无毛；茎皮幼时常呈红色。三回羽状复叶互生，长 30 ～ 50cm，叶轴具关节，幼时具短刺毛；小叶革质，椭圆状披针形，长 2 ～ 8cm，先端渐尖，基部楔形，全缘，小叶柄近无，基部膨大；叶柄基部呈鞘状抱茎。圆锥花序长 20cm 以上，花白色。浆果球形，红色至紫红色。花期 6 ～ 8 月，果期 9 ～ 11 月。

【分布与生境】慈溪各地多有栽培；分布于湖州、杭州、绍兴、宁波、舟山、衢州、金华、台州、丽水、温州等地；苏、皖、赣、鄂、桂、川、陕等省份有分布。

【用　途】茎干丛生，枝叶扶疏，叶形奇特，叶色浓绿且秋冬变红，红果累累，经冬不凋，供公园、庭园作地被，或点缀石景。全株各部入药。

成熟果枝

秋叶

南天竹幼果枝

千金藤生境

果序

066 千金藤

【别　名】天膏药

【学　名】*Stephania japonica*

【科　名】防已科 Menispermaceae

【形　态】常绿木质藤本。全体无毛。块茎粗长。单叶互生；叶片厚纸质，宽卵形至卵形，长 4 ～ 8cm，先端钝，基部近截形或圆形，全缘，正面光亮，背面粉白色，掌状脉 7 ～ 9；叶柄盾状着生，长 5 ～ 8cm。伞状或聚伞状花序腋生。果近球形，径约 6mm，熟时红色。花期 5 ～ 6 月，果期 8 ～ 9 月。

【分布与生境】产于慈溪全境，丘陵区广泛分布，生于丘陵山坡、沟谷、溪边、路旁矮林缘或灌草丛中；浙江山区、半山区习见；长江流域以南省份有分布。

【用　途】叶色浓绿光亮，果色鲜艳，供边坡、断面、乱石堆覆绿，公园、庭园垂直绿化。全株入药。

【相近种】金线吊乌龟（见 067）。

067 金线吊乌龟

【别　名】金线吊鳖、白首乌

【学　名】*Stephania cephalantha*

【科　名】防己科 Menispermaceae

【形　态】常绿藤本，半木质。全体光滑无毛。块茎椭圆形，粗壮。单叶互生；叶片纸质，三角状卵圆形，长 5 ～ 9cm，长与宽相等或长度略小于宽度，先端圆钝，具小突尖，基部近截形或向内微凹，全缘或微波状，正面深绿色，背面粉白色，掌状脉 5 ～ 9；叶柄盾状着生，长 5 ～ 11cm。头状聚伞花序，再组成总状花序，腋生。果球形，熟时紫红色。花期 6 ～ 7 月，果期 8 ～ 9 月。

【分布与生境】产于慈溪掌起、观海卫、市林场等丘陵区，生于阴湿山坡、林缘、沟谷溪边或路旁；分布于浙江山区、半山区；长江以南各省份有分布。

【用　途】叶色浓绿光亮，果色鲜艳，供边坡、断面覆绿，公园、庭园垂直绿化。块根入药。

【相近种】千金藤（见 066）。

花枝

叶背

金线吊乌龟生境

秤钩枫花枝

068 秤钩枫

【别　名】青枫藤

【学　名】*Diploclisia affinis*

【科　名】防己科 Menispermaceae

【形　态】落叶藤本，木质。单叶互生；叶片纸质或近革质，无毛，菱状宽卵形或三角状宽卵形，边缘波状，长 4 ～ 7cm，基出 5 掌状脉，细脉明显；叶柄长 3 ～ 4cm，非盾状着生或多少盾状着生。聚伞花序腋生于着叶的小枝上。花期 4 ～ 5 月，果期 7 ～ 9 月。

【分布与生境】产于慈溪观海卫、桥头等丘陵区，生于山坡林内、溪沟边、路旁（慈溪新记录）；分布于湖州、衢州、宁波、丽水和温州等地；长江流域以南至两广北部等地有分布。

【用　途】枝叶浓密，形美，供边坡、断面、乱石堆覆绿，公园、庭园垂直绿化。根、茎、叶入药。

【相近种】防己（见 070）。

茎叶

069 木防己

【别　名】土木香、白木香

【学　名】*Cocculus orbiculatus*

【科　名】防己科 Menispermaceae

【形　态】落叶藤本，木质。枝、叶密生柔毛。单叶互生；叶片纸质，宽卵形或卵状椭圆形，长 3 ～ 14cm，先端急尖、圆钝状或微凹，基部微心形或截形，全缘或呈微波状，有时 3 浅裂，中脉明显，侧脉 1 ～ 2 对；叶柄长 1 ～ 3cm。聚伞状圆锥花序腋生或顶生。核果近球形，径 6 ～ 8mm，熟时蓝黑色，被白粉。花期 5 ～ 6 月，果期 7 ～ 9 月。

茎叶

【分布与生境】产于慈溪全境，丘陵区多分布，生于山坡、沟谷溪边林缘或路旁灌草丛中；浙江各地均有分布；华南、西南、华东、华北和东北各省份有分布。

【用　途】叶形多变，美观，供边坡、断面覆绿。纤维植物；嫩茎叶可食用；根入药。

木防己花果

果枝

防己花序

070 防　己

【别　名】汉防己

【学　名】*Sinomenium acutum*

【科　名】防己科 Menispermaceae

【形　态】落叶藤本，木质。全体无毛。单叶互生；叶片厚纸质或革质，宽卵形、圆卵形或近圆形，长 6 ～ 12cm，先端渐尖，基部圆截形或近心形，全缘，基部的叶常 5 ～ 7 浅裂，上部的叶有时 3 ～ 5 浅裂，正面浓绿色，光亮，背面苍白色，基出脉 5 ～ 7 条，叶脉两面凸起；叶柄长 6 ～ 10cm，非盾状着生。圆锥花序腋生。核果近球形，压扁，蓝黑色，长 5 ～ 6mm。花期 6 ～ 7 月，果期 8 ～ 9 月。

【分布与生境】产于慈溪丘陵区各地，生于山区路旁及山坡林缘、溪沟边、灌草丛中；分布于浙江山区、半山区；西南、华中、华东及陕等省份有分布。

【用　途】叶形多变而美观，供公园、庭园垂直绿化，边坡、断面、乱石堆覆绿。根和茎藤入药。

【相近种】秤钩枫（见 068）。

生境

071 玉　兰

【别　名】白玉兰

【学　名】*Magnolia denudata*

【科　名】木兰科 Magnoliaceae

【形　态】落叶乔木。树皮灰白色，光滑；小枝淡灰褐色，冬芽密生灰黄色开展柔毛；单叶互生；叶片宽倒卵形或倒卵状椭圆形，长 8 ～ 18cm，先端宽圆或截平，有短急尖头，中部以下渐狭成楔形，全缘，背面被柔毛；叶柄长 1 ～ 2.5cm，被柔毛。花单生枝顶，早春先叶开放，白色，径 12 ～ 15cm，花被片 9 枚。聚合果不规则圆柱形，部分心皮不发育。花期 3 月，果期 9 ～ 10 月。

【分布与生境】慈溪南部丘陵区和中部平原区多栽培；分布于湖州、杭州、宁波、台州、衢州、丽水、温州等地；皖、赣、湘等省份也有分布。

【用　途】早春繁花满树，秀雅朴实，供风景区混交造林，厂矿区绿化，公园、庭园观赏。材用；花被片可食用；种子榨油后供化工用；花蕾入药。

【相近种】天目木兰（见 072）。

果枝

花枝

玉兰花

果枝

树皮

天目木兰花枝

072 天目木兰

【别　名】蝴蝶树（慈溪）

【学　名】*Magnolia amoena*

【科　名】木兰科 Magnoliaceae

【形　态】落叶乔木。树皮灰色，平滑。小枝较细，绿色无毛；顶芽密被平伏白色长绢毛。单叶互生；叶片倒披针形、倒披针状椭圆形，长 9 ～ 15cm，先端渐细尖或急尖呈尾状，基部楔形，背面脉上及脉腋有毛，侧脉 10 ～ 13 对；叶柄长 1 ～ 1.5cm；托叶痕为叶柄长的 1/5 ～ 1/3。花先叶开放，粉红色，花丝紫红色；聚合果呈不规则细柱形，常弯曲。花期 3 ～ 4 月，果期 9 ～ 10 月。

【分布与生境】产于慈溪龙山等丘陵区，生于海拔约 250m 的沟谷阔叶林中；分布于湖州、杭州、宁波及诸暨、龙泉等县市；苏、皖、赣等省有分布。

【用　途】花大美丽，早春开放，供风景区绿化，公园、庭园观赏，山地生态林营造。材用；花蕾入药。

【相近种】玉兰（见 071）。

冬芽

含笑枝叶

073 含　笑

【学　名】*Michelia figo*

【科　名】木兰科 Magnoliaceae

【形　态】常绿灌木。分枝紧密；芽、小枝、叶柄、花梗均密被黄褐色柔毛。单叶互生；叶片革质，倒卵形或倒卵状椭圆形，长 4 ～ 8cm，先端钝尖，基部楔形，背面脉上有黄褐色毛；叶柄长 2 ～ 4mm，托叶痕延至叶柄顶端。花单生叶腋，花被片 6 枚，淡黄色，边缘带紫，芳香。花期 4 ～ 5 月，果期 8 ～ 9 月。

【分布与生境】慈溪各地有栽培；全国各地普遍栽培，广东有野生。

【用　途】树形、叶形俱美，叶绿花香，供公园、庭园、城市道路、厂矿区绿化，也可盆栽。花蕾可熏茶，亦可提取芳香油；叶、花蕾入药。

花枝

074 鹅掌楸

【别　名】马褂木

【学　名】*Liriodendron chinense*

【科　名】木兰科 Magnoliaceae

【形　态】落叶大乔木。全体无毛；树干通直，树皮浅裂，灰白色；小枝灰褐色。单叶互生；叶片形似马褂，长 6 ～ 16cm，先端截平或微凹，两侧裂片各 2，背面苍白色，具乳头状白粉点，幼叶背面中脉圆滑无毛；叶柄长 4 ～ 14cm，托叶与叶柄离生。花单生枝顶，花被片 9 枚，三轮，外轮绿色，内两轮橙黄色。聚合翅果。花期 5 月，果期 9 月。

【分布与生境】慈溪丘陵区及中部平原有栽培；分布于湖州、杭州、台州、衢州、丽水、温州等地；皖、赣、鄂、湘、川、贵、陕等省份有分布。

【用　途】树体高大，叶形奇特，花大，色彩淡雅，秋叶转色，为珍贵观赏树种，供山区生态绿化、风景区造林，公园、庭园、公路、平原四旁绿化观赏。材用；根、树皮、叶入药。

【附　注】国家Ⅱ级重点保护野生植物。

花枝

鹅掌楸枝叶

075 南五味子

【学　名】 *Kadsura longipedunculata*

【科　名】 木兰科 Magnoliaceae

【形　态】 常绿木质藤本。全体无毛。小枝褐色或紫褐色，疏生皮孔。单叶互生；叶片革质或近革质，椭圆形或椭圆状披针形，长 5 ～ 13cm，先端渐尖，基部楔形，边缘具疏齿，正面深绿色而光亮，侧脉 5 ～ 7 对；叶柄长 1 ～ 1.5cm。雌雄异株；花单生叶腋，淡黄色或白色，芳香，花梗细长，达 3 ～ 15cm。聚合果球形，径 1.5 ～ 3.5cm，深红色至暗紫色。花期 6 ～ 9 月，果期 9 ～ 12 月。

【分布与生境】 产于慈溪丘陵区各地，生于山坡、沟谷溪边的阔叶林、林缘或灌丛中；分布于全省丘陵山区；长江流域以南各地有分布。

【用　途】 叶色浓绿，花芳香，果实下垂而鲜艳，供庭园、公园和边坡垂直绿化。纤维植物；果食用；根、茎、叶、果入药，也供化工用。

【相近种】 华中五味子（见 076）。

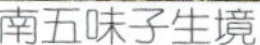
南五味子生境

果序

花枝（蕾期）

076 华中五味子

【别　名】东亚五味子

【学　名】*Schisandra sphenanthera*

【科　名】木兰科 Magnoliaceae

【形　态】落叶木质藤本。全体通常无毛。茎红褐色，圆柱形，密生黄色瘤状皮孔。单叶在长枝上互生，短枝上密集；叶片薄纸质，椭圆状卵形、宽卵形或倒卵状长椭圆形，长 4 ～ 11cm，先端渐尖或短尖，基部楔形至圆形，背面灰绿色，脉上偶有短柔毛，边缘具细齿突，侧脉 4 ～ 5 对；叶柄长 2 ～ 4cm，具极窄的翅。雌雄异株；花橙黄色。聚合果红色，排成穗状，主轴粗壮；果序梗细瘦下垂，长 3 ～ 13cm。花期 4 ～ 6 月，果期 6 ～ 10 月。

【分布与生境】产于慈溪掌起、市林场等丘陵区，生于海拔 80 ～ 350m 的山坡、沟谷林缘或灌丛中（慈溪新记录）；分布于湖州、杭州、宁波、衢州、台州、丽水等地；苏、皖、鄂、湘、川、云、贵、豫、晋、陕、甘等省份有分布。

【用　途】枝叶繁茂，果实鲜艳，供庭园、公园垂直绿化。纤维植物；果、嫩叶可食用；全株入药。

【相近种】南五味子（见 075）。

华中五味子果枝

果

花序

077 蜡　梅

【别　名】腊梅

【学　名】*Chimonanthus praecox*

【科　名】蜡梅科 Calycanthaceae

【形　态】落叶灌木。枝有棱，皮孔显著。单叶对生；叶片椭圆形、椭圆状卵形或椭圆状披针形，长 5 ～ 20cm，先端渐尖，基部楔形、宽楔形或圆，近全缘，正面粗糙；叶柄长 4 ～ 6mm。花单生叶腋，芳香，花被片蜡黄色，无毛，具光泽。果托卵状长椭圆形，长 3 ～ 5cm。花期 11 月至翌年 2 月，果期 6 月。

成熟果枝

【分布与生境】慈溪各地多有栽培；浙江西湖、临安、富阳有野生，生于石灰岩丘陵山坡灌丛中或岩缝内，全省各地常见栽培；国内还产于秦岭、大巴山及武当山一带，各地普遍栽培。

花枝

【用　途】花瓣蜡黄，冲寒吐秀，冷香远溢，是我国冬季典型花木，供公园、庭园孤植、对植、丛植或列植，也可植于纪念性园林中，切花或盆栽亦宜。花可制花茶；花亦供化工用（提取香精）；花、茎、叶、根入药。

蜡梅果枝

古香樟

红叶

果枝

078 香　樟

【别　名】樟树

【学　名】*Cinnamomum camphora*

【科　名】樟科 Lauraceae

【形　态】常绿乔木。老树皮黄褐色至灰黄褐色，不规则纵裂。小枝光滑无毛。单叶互生；叶片薄革质，卵形或卵状椭圆形，长 6 ～ 12cm，先端急尖，基部宽楔形或近圆形，叶缘呈波状起伏，离基 3 出脉，叶背薄被白粉，侧脉及支脉叶腋正面泡状隆起，背面具明显腺窝，窝内常被柔毛；叶柄长 2 ～ 3cm；叶片揉碎具浓烈的樟脑香气。花被片 6，淡黄绿色，有清香。果熟时紫黑色，果托倒圆锥形。花期 4 ～ 5 月；果期 8 ～ 10 月，常可挂至翌年春季。

【分布与生境】产于慈溪丘陵区及大古塘以南平原区，生于 440m 以下的山坡、山谷、山岗及平原；分布于浙江各地；长江流域以南各省份均有分布。

【用　途】枝叶茂密，冠大荫浓，嫩叶常红色或黄色，叶片凋落前常红色，供山区生态绿化，风景区造林，庭园、公园观赏，行道树配置和厂矿区绿化。材用（珍贵树种）；根、枝、木材、叶供化工用；根、茎皮、枝叶入药。

【附　注】国家Ⅱ级重点保护野生植物；慈溪有古树；樟树 1988 年被选为慈溪“市树”。

079 红　楠

【别　名】钓樟（慈溪）、山钓樟

【学　名】*Machilus thunbergii*

【科　名】樟科 Lauraceae

【形　态】常绿乔木。树皮黄褐色，浅纵裂至不规则鳞片状剥落；顶芽红色，卵形至长卵形。单叶互生，近枝顶集生；叶片革质，倒卵形至倒卵状披针形，长 4.5～10cm，先端突钝尖、短尾尖，基部楔形，叶缘微反卷，正面深绿色，有光泽，背面微被白粉，侧脉 7～9 对；叶柄长 1～3cm，连同中脉近基部带红色。聚伞状圆锥花序生于新枝下部叶腋，总梗鲜红色。果梗肉质增粗，鲜红色，果紫黑色。花期 4 月，果期 6～7 月。

【分布与生境】产于慈溪丘陵区各地，生于海拔 400m 以下的山坡、山谷阔叶林中；分布于浙江丘陵山区；沪、苏、皖、赣、闽、台、湘、桂等省份均有分布。

【用　途】叶色浓绿光亮，树姿优美，嫩叶常红色，果序梗鲜红色，耀眼，供山区生态绿化，风景区、盐碱地造林，庭园、公园观赏。材用（珍贵树种）；树皮、叶、果、种子供化工用；根皮、茎皮入药。

【相近种】薄叶润楠（见 080）。

【附　注】慈溪有古树。

古红楠

叶背

嫩枝

果枝

080 薄叶润楠

果序

【别　名】华东楠、大叶楠

【学　名】*Machilus leptophylla*

【科　名】樟科 Lauraceae

【形　态】常绿乔木。树皮灰褐色，平滑不裂；顶芽近球形，直径可至 2cm。单叶互生或轮生；叶片坚纸质，倒卵状长圆形，长 14 ～ 24cm，先端短渐尖，基部楔形，正面深绿色，有光泽，背面灰白色，侧脉 14 ～ 24 对，略带红色；叶柄长 1 ～ 3cm。圆锥花序集生于新枝基部，花芳香。果梗肉质，鲜红色，果紫黑色。花期 4 月，果期 7 月。

【分布与生境】产于慈溪龙山、掌起、观海卫、市林场等丘陵区，生于海拔 100 ～ 400m 的阴坡沟谷、溪边阔叶林中（慈溪新记录）；分布于杭州、绍兴、宁波、衢州、金华、台州、丽水、温州等地；苏、皖、赣、闽、湘、鄂、贵、粤、桂等省份有分布。

【用　途】芽大叶大，叶色浓绿光亮，树姿优美，果序梗鲜红色，醒目，供园林观赏，或作庭荫树。材用；种子供化工用；根入药。

【相近种】红楠（见 079）。

薄叶润楠生境

紫楠果枝

081 紫　楠

【学　名】*Phoebe sheareri*

【科　名】樟科 Lauraceae

【形　态】常绿乔木。大树侧枝干下垂；小枝、叶柄及花序密被黄褐色至灰黑色柔毛或绒毛。单叶互生；叶革质，倒卵形、椭圆状倒卵形或倒卵状披针形，长 8 ～ 18（27）cm，先端突渐尖或突尾状渐尖，背面密被黄褐色长柔毛，侧脉 8 ～ 13 对，与中脉在正面凹下，在背面连同网脉显著隆起，叶缘不反卷；叶柄长 1 ～ 2.5cm。圆锥花序长 7 ～ 18cm。果熟时黑色，外面无白粉，宿存花被片松弛地贴于果实基部。花期 4 ～ 5 月，果期 9 ～ 10 月。

嫩枝叶

【分布与生境】产于慈溪掌起、观海卫、市林场等丘陵区，生于海拔 100 ～ 400m 的阴湿沟谷、山坡林中；分布于湖州、杭州、宁波、衢州、台州、丽水、金华、温州等地；长江流域以南各省份均有分布。

花枝

【用　途】冠形端正，树姿优美，叶大荫浓，供山区生态绿化，风景区和生物防火林带造林，庭园、公园观赏。材用（珍贵树种）；种子供化工用；叶、根入药。

082 檫　木

树皮

【别　名】檫树

【学　名】*Sassafras tsumu*

【科　名】樟科 Lauraceae

【形　态】落叶乔木。植物体有香气。树皮灰褐色，不规则深纵裂；小枝黄绿色，无毛，有光泽。单叶互生，常聚生枝顶；叶片卵形、卵圆形或倒卵形，长 9～20cm，全缘或 3 裂，背面有白粉，羽状脉或离基三出脉；叶柄长 2～7cm，常带红色。花黄色，先叶开放。果近球形，径约 8mm，熟时由红色变为蓝黑色，果梗、果托鲜红色。花期 2～3 月，果期 7～8 月。

【分布与生境】产于慈溪丘陵区各地，散生于山坡、沟谷混交林中；分布于湖州、杭州、绍兴、宁波、衢州、金华、台州、丽水、温州等地；长江流域以南省份有分布。

【用　途】树干挺拔，姿态优雅，叶形美观，晚秋红叶鲜艳，早春黄花满枝，供山区生态绿化，风景区、公园、庭园观赏。材用（珍贵树种）；根、叶、果供化工用；全株入药。

晚秋色叶

檫木果枝

花序

083 山鸡椒

【别　名】山苍子

【学　名】*Litsea cubeba*

【科　名】樟科 Lauraceae

【形　态】落叶小乔木或灌木。小枝绿色；枝、叶无毛，揉碎散发浓郁芳香味。单叶互生；叶片薄纸质，披针形或长圆状披针形，长 4 ～ 11cm，先端渐尖，基部楔形，背面粉绿色，侧脉 6 ～ 11 对；叶柄长 5 ～ 15mm，微带红色。花蕾形成于秋季；伞形花序在早春先叶开放。果径 4 ～ 6.5mm，熟时紫黑色。花期 2 ～ 3 月，果期 9 ～ 10 月。

【分布与生境】产于慈溪丘陵区各地，生于向阳山坡、疏林、林缘、灌丛和旷地中；分布于湖州、杭州、宁波、台州、衢州、金华、丽水、温州等地；长江流域以南省份及西藏均有分布。

【用　途】早春花满枝头，秋叶转黄色，供山区生态绿化，乱石边坡造林，风景区、公园、庭园观赏。材用；叶、花、果供化工用；嫩叶可食用，果在民间亦供调味用；根、叶、果入药。

【相近种】豹皮樟（见 084）。

果枝

花枝

花蕾

山鸡椒幼果枝

叶背

花枝

084 豹皮樟

豹皮樟果枝

树皮

【别　名】扬子黄肉楠

【学　名】*Litsea coreana* var. *sinensis*

【科　名】樟科 Lauraceae

【形　态】常绿小乔木。树皮不规则块片状剥落后露出浅色的内皮；小枝深褐色至带黑色，疏生皮孔，无毛或近无毛。单叶互生；叶片革质，长椭圆形、披针形至倒披针形，长 5 ～ 10cm，先端急尖，基部楔形，正面深绿色，具光泽，仅幼时中脉基部有毛，背面带灰白色，无毛，侧脉 9 ～ 10 对，网脉不明显；叶柄长 0.5 ～ 1.5cm，上方被柔毛。伞形花序腋生，总梗无或极短。果近球形，径 6 ～ 8mm，熟时由红色转为紫黑色。花期 8 ～ 9 月，果期翌年 5 月。

【分布与生境】产于慈溪掌起等丘陵区，生于海拔 50 ～ 250m 的沟谷林中（慈溪新记录）；分布于湖州、杭州、绍兴、宁波、舟山、衢州、台州、金华、丽水、温州等地；苏、皖、赣、闽、鄂、豫等省份有分布。

【用　途】树形优美，树干斑驳，叶色浓绿光亮，果色鲜艳，供山区生态林混交造林，风景区、庭园、公园绿化观赏。材用；根入药。

【相近种】山鸡椒（见 083）。

山橿果枝

085 山　橿

【别　名】钓樟

【学　名】*Lindera reflexa*

【科　名】樟科 Lauraceae

【形　态】落叶灌木。枝叶具香气。小枝黄绿色，有黑褐色斑块，平滑，无皮孔，被脱落性绢状短柔毛。单叶互生；叶片纸质，卵形、倒卵状椭圆形，长 4 ～ 15cm，先端渐尖，有时略尾状，基部宽楔形至圆形，正面中脉被脱落性柔毛，背面灰白色，羽状脉，侧脉 6 ～ 8 对；叶柄长 6 ～ 15mm。总花梗长约 3mm。果球形，熟时鲜红色。花期 4 月，果期 8 月。

叶背

【分布与生境】产于慈溪龙山等丘陵区，生于海拔 150 ～ 400m 的山坡、沟谷林下、林缘（慈溪新记录）；分布于湖州、杭州、宁波、台州、衢州、丽水、温州等地；华东、中南、西南等省份有分布。

【用　途】果实红艳，秋叶转色，供山区生态林混交造林，风景区、庭园、公园绿化观赏。枝、叶、果供化工用；根、果入药。

086 红脉钓樟

果与叶背

花枝

【别　名】庐山乌药

【学　名】*Lindera rubronevia*

【科　名】樟科 Lauraceae

【形　态】落叶灌木或小乔木。枝叶具香气。小枝紫褐色至黑褐色，平滑。单叶互生；叶片纸质，卵形、卵状椭圆形至卵状披针形，长 4 ～ 8cm，先端渐尖，基部楔形，背面淡绿色，被柔毛，离基三出脉，第一对侧脉弧曲上升至叶中部以上，侧脉 3 ～ 4 对，第一对与第二对侧脉的间距约大于 1/2 叶片长，网脉明显，叶脉与叶柄秋后常变红色；叶柄长 0.5 ～ 1cm。总花梗长约 2mm。果近球形，熟时紫黑色。花期 3 ～ 4 月，果期 8 ～ 9 月。

【分布与生境】产于慈溪龙山、掌起、观海卫、匡堰、市林场等丘陵区，生于海拔 400m 以下山坡、沟谷林下及灌丛中（慈溪新记录）；分布于湖州、杭州、宁波、衢州、台州、丽水、温州等地；苏、皖、赣、鄂、豫等省份有分布。

【用　途】叶形美观，晚秋转红色，供山区生态林混交造林，风景区、庭园、公园绿化观赏。叶、果供化工用。

【相近种】红果钓樟（见 087）。

红脉钓樟果枝

087 红果钓樟

【别　名】红果山胡椒、詹糖香

【学　名】*Lindera erythrocarpa*

【科　名】樟科 Lauraceae

【形　态】落叶灌木至小乔木。枝叶具香气。小枝灰白色至灰黄色，皮孔密集而显著隆起。单叶互生；叶片纸质，倒披针形至倒卵状披针形，长 7 ～ 14cm，先端渐尖，基部狭楔形，下延，叶面不平整，网脉不明显，背面被平伏柔毛，脉上尤甚，羽状脉，侧脉 4 ～ 5 对；叶柄长 0.5 ～ 1cm，常呈暗红色。总花梗长约 5mm。果球形，熟时红色，果托直径 3 ～ 4mm。花期 4 月，果期 9 ～ 10 月。

【分布与生境】产于慈溪丘陵区各地，生于山坡、沟谷林缘、疏林中；分布于浙江山区、半山区；长江流域以南省份均有分布。

【用　途】果实红艳，秋叶转色，供山区生态林混交造林，风景区、庭园、公园绿化观赏。材用；种子供化工用；根皮、枝、叶入药。

【相近种】红脉钓樟（见 086）；山胡椒（见 088）。

枝叶

花序（蕾期）

红果钓樟果枝

088 山胡椒

【别　名】假死柴

【学　名】*Lindera glauca*

【科　名】樟科 Lauraceae

【形　态】落叶灌木或小乔木。植株具香气。树皮灰或灰白色，平滑。小枝灰白色，被脱落性柔毛。冬芽红色，无芽鳞脊。单叶互生；叶片椭圆形、宽椭圆形至倒卵形，长 4～9cm，先端急尖，基部楔形，背面粉绿色，被灰白色柔毛，羽状脉，侧脉 5～6 对；叶柄长 3～6mm；冬季枯叶不脱落。伞形花序腋生于新枝下部，总花梗短或不明显。果球形，熟时紫黑色，有光泽。花期 3～4 月，果期 7～8 月。

【分布与生境】产于慈溪丘陵区各地，生于山坡林下、林缘、疏林和灌丛中；广泛分布于浙江山区、半山区；长江流域以南省份均有分布。

【用　途】秋色叶树种，叶经冬不落，供山区生态林混交造林，风景区、庭园、公园绿化观赏。材用；果、叶、种子供化工用；根、树皮、叶、果入药。

【相近种】红果钓樟（见 087）。

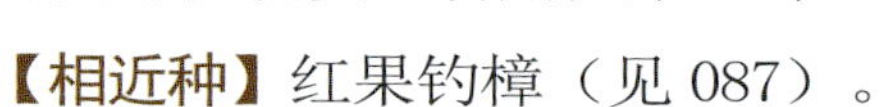

冬季枯叶

幼果与叶背

山胡椒果枝

089 江西绣球

【学　名】*Hydrangea jiangxiensis*

【科　名】虎耳草科 Saxifragaceae

【形　态】落叶灌木。单叶对生；叶片窄倒披针形，长 4 ～ 7cm，宽 1.5 ～ 2.5cm，先端急尖、渐尖，正面常皱褶，背面浅绿色，脉腋无簇毛，边缘自中部以上有锯齿；叶柄长 3 ～ 6mm。花序第一级辐射枝通常 3 出；放射花萼片白色，3 ～ 4 枚，果期逐渐变色，色彩丰富。花期 5 ～ 6 月，果期 8 ～ 10 月。

【分布与生境】产于慈溪丘陵区各地，生于山坡林缘、山岗路旁、沟谷溪边灌丛中（宁波新记录）；分布于浙江大多数山区丘陵；长江以南省份有分布。

【用　途】放射花萼片白色，果期逐渐变色，色彩丰富，供风景区、公园、庭园林下绿化观赏。根、叶入药。

果枝

江西绣球生境

090 绣　球

【别　名】八仙花

【学　名】*Hydrangea macrophylla*

【科　名】虎耳草科 Saxifragaceae

【形　态】落叶灌木。小枝粗壮，无毛，有明显皮孔和大型叶痕。单叶对生；叶片近肉质，倒卵形、宽卵形或椭圆形，长 8 ～ 20（25）cm，先端短渐尖，基部宽楔形，边缘除基部外有三角形粗锯齿，正面鲜绿色，有光泽，背面淡绿色；叶柄粗，长 1 ～ 4cm。伞房花序顶生，球形，直径可至 20cm，全为放射花，白色，后变粉红色或蓝色。花期 6 ～ 7 月。

枝叶

【分布与生境】慈溪各地有栽培；原产我国中部，浙江及全国其它省份常栽培。

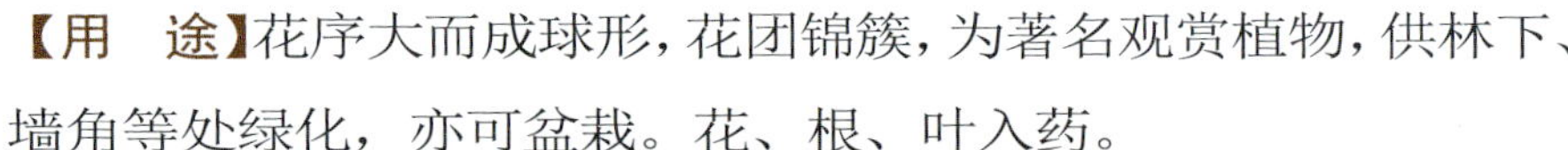

【用　途】花序大而成球形，花团锦簇，为著名观赏植物，供林下、墙角等处绿化，亦可盆栽。花、根、叶入药。

绣球花枝

花枝

果枝

花枝与叶背

宁波溲疏花枝

091 宁波溲疏

【学　名】*Deutzia ningpoensis*

【科　名】虎耳草科 Saxifragaceae

【形　态】落叶灌木。树皮片状剥落；小枝中空，红褐色，疏被星状毛，老枝灰褐色。单叶对生；叶片狭卵形、卵状披针形或披针形，长 2.5 ～ 7（10.5）cm，先端渐尖，边缘疏生不明显锯齿或全缘，正面疏生具 4 ～ 6 条辐射枝的星状毛，背面密被具 12 ～ 14 条辐射枝的灰白色星状毡毛；叶柄长 1 ～ 2mm。圆锥花序塔形，长 5 ～ 13.5cm；花白色，密集。蒴果近球形。花期 5 ～ 7 月，果期 6 ～ 9 月。

【分布与生境】产于慈溪龙山、掌起、观海卫和市林场等地，生于丘陵山坡、沟谷溪边林缘和灌丛中；分布于湖州、杭州、宁波、衢州、金华、台州、丽水、温州等地；苏、皖、赣、闽、鄂等省份有分布。

【用　途】花序洁白，大而美丽，适于风景区、公园、庭园绿化观赏。根、叶入药。

【相近种】天台溲疏（见 092）。

天台溲疏果枝

叶背

花枝

092 天台溲疏

【别　名】浙江溲疏

【学　名】*Deutzia faberi*

【科　名】虎耳草科 Saxifragaceae

【形　态】落叶灌木。树皮条片状剥落；小枝中空，红褐色，被星状毛，二年生枝灰褐色。单叶对生；叶片卵状椭圆形至椭圆形，长 4 ～ 8.5cm，先端渐尖，边缘有细锐锯齿，两面被具 3 ～ 4 条辐射枝的星状毛，背面较密，有时夹杂单毛；叶柄长 3 ～ 9mm，上部叶无柄。花序圆锥状，长 3 ～ 6cm；花白色，疏散。蒴果半球形。花期 4 ～ 6 月，果期 6 ～ 8 月。

【分布与生境】产于慈溪龙山等丘陵区，生于海拔 220m 的山谷溪沟边林下，多见于岩缝中（慈溪新记录）；分布于台州、宁波、金华、绍兴、衢州等地，浙江特有种。

【用　途】花序洁白，供风景区、公园、庭园绿化观赏。

【相近种】宁波溲疏（见 091）。

华茶藨果枝

花枝

叶背

093 华茶藨

【别　名】华蔓茶藨、蔓茶藨子

【学　名】*Ribes fasciculatum* var. *chinense*

【科　名】虎耳草科 Saxifragaceae

【形　态】落叶灌木。枝无刺，灰棕色；幼枝、叶背面、叶柄均被密柔毛。单叶互生；叶片宽卵形，长 2.5 ～ 5cm，宽略大于长，3 ～ 5 裂，中裂片卵菱形，较侧生裂片稍长，先端急尖，基部截形或浅心形，边缘具不整齐的粗钝锯齿，正面近无毛或微被柔毛；叶柄长 1.2 ～ 3cm。雌雄异株；雄花具香气，萼裂片花瓣状，黄绿色，花瓣极小。浆果近球形，直径 6 ～ 8mm，红色。花期 4 ～ 5 月，果期 10 ～ 11 月。

【分布与生境】产于慈溪掌起；生于海拔约 200m 的山谷疏林下（慈溪新记录）；分布于杭州及鄞州、普陀等县市；华东及鄂、川、豫、冀、陕、辽等省份有分布。

【用　途】植株低矮，枝叶扶疏，叶形秀美，花萼黄绿色，果红色，供林缘作地被观赏。果可鲜食、酿酒或做果酱；根、果实入药。

【附　注】藨音 biāo。

花枝

094 海　桐

【学　名】*Pittosporum tobira*

【科　名】海桐花科 Pittosporaceae

【形　态】常绿灌木。嫩枝被褐色柔毛。单叶互生，常聚生枝顶呈假轮生状；叶片革质，倒卵形或倒卵状披针形，长 4 ～ 9cm，先端圆钝，常微凹，基部狭楔形，下延，全缘，叶缘略背卷，正面亮绿色，背面细脉较明显；叶柄长（0.5）1 ～ 2cm。伞房状伞形花序顶生，密被黄褐色柔毛；花瓣白色或黄绿色，芳香。蒴果圆球形，直径 1.2cm，三瓣裂；种子红色。花期 4 ～ 6 月，果期 9 ～ 10 月。

种子

【分布与生境】慈溪各地常栽培；分布于嘉兴、宁波、舟山、台州、温州等地大陆海岸及岛屿；苏、闽、粤等省份也有分布。

【用　途】枝叶茂密，叶色浓绿光亮，花素雅芬芳，种子红艳，供公园、庭园观赏，厂矿区、轻盐碱土绿化，断面边坡覆绿。材用；根、叶、种子入药。

【相近种】崖花海桐（见 095）。

海桐果枝

095 崖花海桐

【别　名】海金子

【学　名】*Pittosporum illicioides*

【科　名】海桐花科 Pittosporaceae

【形　态】常绿灌木。嫩枝无毛。单叶互生，常簇生于枝顶而呈假轮生状；叶片倒卵状披针形或倒披针形，长 5 ～ 10cm，先端渐尖，基部狭楔形，常下延，叶缘平展或略皱折呈微波状，正面深绿色，干后仍具光泽，背面细脉明显；叶柄长 5 ～ 10mm。伞形花序顶生；花瓣淡黄色；蒴果近球形，果瓣薄革质，种子红色。花期 4 ～ 5 月，果期 6 ～ 11 月。

【分布与生境】产于慈溪丘陵区各地，生于山沟溪坑边、林下岩石旁及山坡阔叶林中；分布于浙江山区、半山区；苏、皖、赣、闽、台、鄂、湘、川、云、贵等省份有分布。

【用　途】叶簇生枝顶，种子红艳，供公园、庭园观赏，山区林下层混交造林。纤维植物；种子供化工用；根、叶和种子入药。

【相近种】海桐（见 094）。

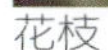
花枝

果实与种子

崖花海桐果枝

晚秋色叶

果枝

花枝

096 枫　香

【别　名】枫树（慈溪）、路路通

【学　名】*Liquidambar formosana*

【科　名】金缕梅科 Hamamelidaceae

【形　态】落叶大乔木。树皮灰褐色。小枝具柔毛；顶芽发达，卵形，栗褐色，有光泽。单叶互生；叶片宽卵形，掌状3裂，先端尾状渐尖，基部心形或平截，中裂片较长，两侧裂片平展，叶缘有具腺锯齿，叶背有短柔毛或仅脉腋有毛；叶柄长3～10cm；托叶长1～2cm。雄短穗状花序常多个排成总状；雌头状花序有花24～43朵。头状果序球形，直径3～4cm。蒴果木质，针形萼齿长4～8mm。花期4～5月，果期7～10月。

【分布与生境】产于慈溪丘陵区各地，生于海拔400m以下的山丘林中或村落附近，系亚热带阔叶林代表性建群种之一；分布于浙江山区、半山区；黄河以南省份有分布。

【用　途】树体高大通直，气势雄伟，叶片3裂，嫩叶带红色，老叶入秋后转红色、橙红色、橙黄色或黄色，灿若披锦，瑰丽异常，是亚热带地区重要的秋色叶树种，供风景区、公园、平原四旁美化，山区生态林、生物防火林带造林，厂矿区、轻盐碱土绿化。材用；树脂供化工用；果实、树脂和根入药。

【附　注】慈溪有古树，五磊寺有千年古枫香。

古枫香

檵木果枝与叶背

097 檵　木

【别　名】坚漆、青檵木

【学　名】*Loropetalum chinensis*

【科　名】金缕梅科 Hamamelidaceae

【形　态】常绿灌木，稀为小乔木。小枝被黄褐色星状毛。单叶互生；叶片革质，卵形，长 1.5 ～ 5cm，先端锐尖或钝，基部宽楔形或近圆形，偏斜，全缘，正面粗糙，背面被星状柔毛；叶柄长 2 ～ 5mm。花 3 ～ 8 朵簇生，花瓣 4，白色（有时稍带浅黄色），带状，长 1 ～ 2cm。蒴果卵球形，长约 1cm。花期 4 ～ 5 月，果期 6 ～ 8 月。

【分布与生境】产于慈溪丘陵区各地，生于向阳山坡林中、灌丛中，系浙江省次生灌丛的代表性建群种；浙江山区、半山区十分常见；我国中部、南部及西南有分布。

【用　途】树干苍劲，花形独特，叶细密，适于公园坡地绿化，亦可盆栽。根、叶、花、果入药；常作红花檵木（*L. chinense* var. *rubrum*）的砧木。

果枝

花序

098 牛鼻栓

【学　名】*Fortunearia sinensis*

【科　名】金缕梅科 Hamamelidaceae

【形　态】落叶小乔木或灌木。幼枝被脱落性灰褐色星状毛；裸芽，被星状毛。单叶互生；叶片膜质，倒卵形或倒卵状椭圆形，长 7 ～ 15cm，先端急尖，基部圆形至宽楔形，偏斜，边缘有波状齿，齿端有稍下弯突尖，正面除中脉外，余无毛，背面脉上有星状毛，侧脉 6 ～ 8 对，直达齿尖；叶柄长 4 ～ 10mm，有星状毛。总状花序长 3 ～ 6cm。蒴果木质，卵球形，密布白色皮孔。花期 4 月，果期 7 ～ 9 月。

【分布与生境】产于慈溪丘陵区各地，生于山丘沟谷、山坡林中或林缘（慈溪新记录）；分布于杭州、湖州、宁波、台州等地；苏、皖、赣、鄂、川、豫、陕等省份也有分布。

【用　途】树干苍劲，枝叶扶疏，秋叶变色，供山区生态造林，风景区、公园、庭园绿化观赏。材用；根、枝叶、果实入药。

枝叶

幼果枝

牛鼻栓果枝

叶背

中华绣线菊花枝

099 中华绣线菊

【别　名】铁黑汉条

【学　名】*Spiraea chinensis*

【科　名】蔷薇科 Rosaceae

【形　态】落叶灌木。小枝红褐色，拱曲，幼时被黄色绒毛或无毛；冬芽卵形，外被柔毛。单叶互生；叶片菱状卵形至倒卵形，长 2.5 ～ 6cm，先端急尖或圆钝，基部宽楔形或圆形，边缘有缺刻状粗锯齿或不明显 3 裂，正面被短柔毛，脉纹深陷，背面密被黄色绒毛，侧脉隆起；叶柄长 4 ～ 10mm，被短绒毛。伞形花序被柔毛，花瓣白色。蓇葖果被柔毛。花期 3 ～ 4(5) 月，果期 6 ～ 10 月。

【分布与生境】产于慈溪龙山等丘陵区，生于海拔 200m 以上的山坡、沟谷溪边疏林下及崖边灌丛中；分布于浙江山区、半山区；华东、华北、中南、西南及陕等省份有分布。

【用　途】姿态优雅，白花繁密，适于边坡、断面覆绿，石景点缀及作林缘地被。根入药。

【相近种】单瓣李叶绣线菊（见 100）。

单瓣李叶绣线菊枝叶

100 单瓣李叶绣线菊

【学　名】*Spiraea prunifolia* var. *simpliciflora*

【科　名】蔷薇科 Rosaceae

【形　态】落叶灌木。小枝细长，稍有棱角，被脱落性短柔毛；冬芽小，卵形，无毛，有鳞片。单叶互生；叶片卵形至长圆状披针形，长 1.5 ～ 3cm，先端急尖，基部楔形，边缘具细锐单锯齿，老时仅背面被短柔毛；叶柄长 2 ～ 4mm，被短柔毛。伞形花序，花瓣白色，单瓣。蓇葖果仅腹缝具短柔毛。花期 3 ～ 4 月，果期 4 ～ 7 月。

花枝

【分布与生境】产于慈溪掌起等丘陵区，生于疏林下、山脚、路旁、溪沟边或石缝中（慈溪新记录）；分布于杭州、金华、衢州、台州、温州等地；苏、赣、闽、鄂、湘等省份有分布。

【用　途】植株低矮，白花繁密，适于边坡、断面覆绿，石景点缀及作花篱。根入药。

【相近种】中华绣线菊（见 099）。

101 白鹃梅

【别　名】茧子花

【学　名】*Exochorda racemosa*

【科　名】蔷薇科 Rosaceae

【形　态】落叶灌木。小枝微具棱，无毛，幼时红褐色，老时褐色。单叶互生；叶片椭圆形、长椭圆形至长圆状倒卵形，长 3.5 ～ 6.5cm，先端圆钝或急尖，基部楔形或宽楔形，全缘，稀中部以上有钝锯齿，两面无毛；叶柄长 5 ～ 15mm，或近无柄。总状花序顶生，有花 6 ～ 10 朵，花梗长 3 ～ 8mm；花白色，直径 2.5 ～ 3.5cm，花瓣基部有短瓣柄，雄蕊 15 ～ 20 枚。蒴果有 5 棱脊。花期 4 ～ 5 月，果期 6 ～ 8 月。

花枝

【分布与生境】产于慈溪丘陵区各地，生于山坡、岗地灌丛中、疏林下、林缘或溪谷边（慈溪新记录）；分布于杭州、绍兴、宁波、台州和金华等地；豫、苏、皖等省份也有分布。

成熟果枝

【用　途】花序大，开花期满树雪白，十分美丽，适于边坡、断面覆绿，石景点缀以及作林缘地被。花蕾及嫩梢可作蔬菜；根皮、树皮入药。

白鹃梅果枝

火棘果枝

102 火　棘

【学　名】*Pyracantha fortuneana*

【科　名】蔷薇科 Rosaceae

【形　态】常绿灌木。侧枝短，先端成刺状，嫩枝被锈色短柔毛，老枝暗褐色而无毛。单叶互生；叶片倒卵形或倒卵状长圆形，长 1.5 ～ 6cm，先端圆钝或微凹，有时具短尖头，基部楔形下延，边缘有钝锯齿，齿尖内弯，近基部全缘，两面无毛；叶柄短。复伞房花序，花瓣白色。果实扁球形，橘红色或深红色。花期 3 ～ 5 月，果期 8 ～ 12 月。

【分布与生境】慈溪各地有栽培；浙江各地常见栽培；苏、闽、鄂、湘、桂、川、黔、云、藏、豫、陕等省份有分布。

【用　途】枝叶茂盛，白花繁密，秋冬红果累累，是极好的观花观果植物，适于园林做绿篱、火棘球等观赏，亦供盆栽。果实可食；根、叶、果入药。

花枝

果枝（侧面）

枝叶

花枝

野山楂果枝

103 野山楂

【学　名】*Crataegus cuneata*

【科　名】蔷薇科 Rosaceae

【形　态】落叶灌木。分枝密，枝刺细，刺长 5 ～ 8mm；嫩枝具脱落性柔毛。单叶互生；叶片宽倒卵形至长倒卵形，长 2 ～ 6cm，先端急尖，基部楔形，并下延至叶柄基部，边缘有不规则尖锐重锯齿，先端常 3 浅裂，稀 5 ～ 7 浅裂或不裂；叶柄长 4 ～ 15mm；托叶大，镰刀状，边缘有齿。总花梗和花梗均被柔毛，花白色。果实红色或黄色，径 1 ～ 1.5cm。花期 5 ～ 6 月，果期 9 ～ 11 月。

【分布与生境】产于慈溪龙山、观海卫等丘陵区，生于海拔 400m 以下的沟谷、山坡灌草丛、疏林中及林缘路边；分布于浙江山区、半山区；沪、苏、皖、赣、鄂、湘、云、贵、豫、粤、桂等省份均有分布。

【用　途】花白色，果实红色或黄色，适于边坡、断面覆绿，石景点缀。果可食，嫩叶可代茶；果、茎叶、根入药。

【相近种】湖北山楂（见 104）。

104 湖北山楂

花枝

【学　名】*Crataegus hupehensis*

【科　名】蔷薇科 Rosaceae

【形　态】落叶小乔木或灌木。树干具分枝的棘刺。枝条刺长约 1.5cm，或常无刺；小枝无毛。单叶互生；叶片卵形至卵状长圆形，长 4 ～ 9cm，基部宽楔形或近圆形，边缘有圆钝锯齿，中部以上具 2 ～ 4 对浅裂片；叶柄长 3.5 ～ 5cm；托叶披针形或镰形，边缘具腺齿。总花梗和花梗均无毛，花白色。果实深红色，径 2.5cm，具斑点。花期 5 ～ 6 月，果期 8 ～ 9 月。

【分布与生境】产于慈溪丘陵区各地，生于山坡灌丛中、溪谷边及路旁；分布于湖州、杭州、宁波、舟山、金华、台州等地；苏、赣、鄂、湘、川、豫、晋和陕等省份有分布。

【用　途】叶形奇特，白花满树，果实深红色，适于山区生态造林，风景区、公园、庭园观赏，也可盆栽。材用；果实可食，也可入药。

【相近种】野山楂（见 103）。

棘刺

湖北山楂果枝

105 石　楠

【学　名】*Photinia serratifolia*

【科　名】蔷薇科 Rosaceae

【形　态】常绿小乔木，常呈灌木状。小枝粗壮无毛。单叶互生；叶片革质，倒卵状椭圆形、长椭圆形或长倒卵形，长 9 ～ 22cm，先端急尖或钝尖，基部圆形或宽楔形，边缘具细锯齿，近基部全缘，幼苗或萌枝的叶片边缘锯齿锐尖呈硬短刺状，正面亮绿色，中脉显著，侧脉 25 ～ 30 对；叶柄粗壮，长 2 ～ 4cm，叶柄连正面中脉被脱落性绒毛。复伞房花序顶生，花密集，白色。果红色，后变紫褐色。花期 4 ～ 5 月，果期 10 月。

【分布与生境】产于慈溪丘陵区各地，生于山坡、岗地、沟谷林中或林缘；分布于浙江山区、半山区；我国秦岭和淮河以南各省份均有分布。

【用　途】叶色浓绿光亮，凋落前红色，嫩梢黄红色或红色，繁花白色，红果经冬不凋，供风景区、公园、庭园观赏，路边、厂矿区、盐碱土绿化，山区生态林营造。材用；种子供化工用；叶、根入药；叶、根又可作土农药杀蚜虫；用作枇杷之砧木。

【相近种】光叶石楠（见 106）；小叶石楠（见 107）。

幼嫩枝叶

石楠花枝

果枝

红叶

106 光叶石楠

叶背

光叶石楠花枝

果枝

【学　名】 *Photinia glabra*

【科　名】 蔷薇科 Rosaceae

【形　态】 常绿小乔木或灌木。枝、叶、花均无毛；老枝灰褐色，散生棕褐色皮孔。单叶互生；叶片革质，嫩叶和老叶均呈红色，椭圆形、长圆形或长圆状倒卵形，长 5～9cm，先端渐尖，基部楔形，边缘疏生浅钝细锯齿，侧脉 10～18 对；叶柄长 1～1.5cm，具 1 至数个腺齿。复聚伞花序顶生，花瓣白色。果卵形，红色。花期 4～5 月，果期 9～10 月。

【分布与生境】 产于慈溪掌起、观海卫等丘陵区，生于海拔 100m 以上的山坡、沟谷阔叶林中或灌丛中；分布于浙江山区、半山区；苏、皖、赣、闽、鄂、湘、川、云、贵、粤、桂等省份有分布。

【用　途】 叶色浓绿光亮，常有部分红叶，花序白色，果红色，经冬不凋，供风景区、森林公园、庭园绿化及做绿篱。材用；种子供化工用；根、叶入药。

【相近种】 石楠（见 105）；小叶石楠（见 107）。

107 小叶石楠

果实与种子

花枝

【学　名】*Photinia parvifolia*

【科　名】蔷薇科 Rosaceae

【形　态】落叶灌木。小枝细弱，被脱落性柔毛；冬芽红褐色，顶端渐尖。单叶互生；叶片厚纸质，卵形、卵状椭圆形、卵状披针形或菱状椭圆形，长 2 ～ 5.5cm，先端渐尖至长渐尖，基部楔形至近圆形，边缘有细锐锯齿，侧脉稍清晰；叶柄短，长 1 ～ 2mm，无毛。伞形状花序生于侧枝顶端，通常有 1 ～ 2 朵花，有时可至 6 朵；花白色。果红色，果梗有瘤点。花期 4 ～ 5 月，果期 8 ～ 10 月。

【分布与生境】产于慈溪龙山、横河、市林场等丘陵区，生于海拔 80m 以上的疏林、林缘、灌丛和溪沟边；分布于浙江各山区；赣、闽、鄂、湘、粤、川、贵等省份有分布。

【用　途】花白果红，秋叶转色，供风景区、公园、庭园观赏。材用；根入药。

【相近种】石楠（见 105）；光叶石楠（见 106）。

小叶石楠果枝

树皮

枇杷花枝

果枝

叶背

108 枇　杷

【学　名】*Eriobotrya japonica*

【科　名】蔷薇科 Rosaceae

【形　态】常绿小乔木。小枝粗壮，黄褐色；小枝、叶背、花序密被锈色或灰棕色绒毛。单叶互生；叶片革质，披针形、倒披针形、倒卵形或椭圆状长圆形，长 12 ～ 30cm，先端急尖或渐尖，基部楔形或渐狭成叶柄，上部边缘有疏齿，下部全缘，正面多皱，侧脉 11 ～ 21 对；叶柄短或近无。圆锥花序，花瓣白色。果黄色或橘黄色。花期 10 月至翌年 2 月，果期翌年 5 ～ 6 月。

【分布与生境】慈溪各地有栽培；浙江全省有栽培或逸生；鄂、川有野生，秦岭、淮河以南多栽培。

【用　途】枝叶浓密，冬季开花，花期长久，初夏黄果满枝头，为优良观赏树种，供经济栽培，风景区、公园、庭园、厂矿区、道路、盐碱地绿化。果供食用；叶、果实入药；材用。

厚叶石斑木生境

果枝

花枝

109 厚叶石斑木

【学　名】*Raphiolepis umbellata*

【科　名】蔷薇科 Rosaceae

【形　态】常绿灌木或小乔木。小枝粗壮，叉开至极叉开；枝、叶被脱落性褐色柔毛。单叶互生，常集生小枝顶端；叶片厚革质，长椭圆形、卵形或倒卵形，长（2.5）4～7cm，先端圆钝，稍锐尖或微凹，基部楔形、宽楔形至圆形，边缘稍反卷，全缘或疏生钝锯齿，正面略带紫红色，稍有光泽，背面淡绿色，细脉明显；叶柄长0.5～1.8cm。圆锥花序顶生，花瓣白色。果实紫黑色带白霜。花期4～5月，果期8～11月。

【分布与生境】产于慈溪观海卫（海黄山），生于沿海面海山坡及陡崖石缝中（慈溪新记录）；分布于浙江沿海海岸及岛屿；上海也有分布。

【用　途】树冠开张，叶色浓绿光亮，略带紫红色，白花满枝，适于公园、庭园观赏，公路、盐碱土绿化，亦作绿篱或盆栽。材用。

【相近种】石斑木（见110）。

110 石斑木

【学　名】*Raphiolepis indica*

【科　名】蔷薇科 Rosaceae

【形　态】常绿灌木。小枝被脱落性褐色绒毛。单叶互生；叶片薄革质，卵形、长圆形，稀倒卵形或长圆状披针形，长（2）4～8cm，先端圆钝、急尖、渐尖或长尾尖，基部渐狭下延至叶柄，具细钝锯齿，无毛或背面疏被绒毛，正面侧、细脉凹陷，背面灰白色，细脉清晰；叶柄长0.5～1.8cm。圆锥花序或总状花序顶生，花瓣白色或淡红色。果实紫黑色。花期4～5月，果期7～8月。

【分布与生境】产于慈溪掌起、观海卫、市林场等丘陵区，生于海拔350m以下的山坡、沟谷林中、林缘、灌丛中和路边；分布于浙江山区、半山区；我国中亚热带以南省份有分布。

【用　途】枝叶扶疏，叶色浓绿光亮，花白色或淡红色，供风景区、公园、庭园绿化观赏。材用；嫩叶、果实可食；叶、根入药。

【相近种】厚叶石斑木（见109）。

叶背

石斑木果枝

果与叶背

萌枝与树干

木瓜果枝

111 木　瓜

【别　名】光皮木瓜

【学　名】*Chaenomeles sinensis*

【科　名】蔷薇科 Rosaceae

【形　态】落叶小乔木或灌木。树皮片状脱落；无刺；小枝紫红色，被脱落性柔毛；冬芽半圆形，顶端圆钝；叶缘、叶柄、托叶、萼片均具腺齿。单叶互生；叶片椭圆状卵形或椭圆状长圆形，长 5 ～ 8cm，先端急尖，基部宽楔形或圆形，边缘有刺芒状尖锐锯齿，背面被脱落性黄白色绒毛；叶柄长 5 ～ 10mm；托叶卵状披针形。花单生，花梗粗短，花瓣粉红色。果实长圆形，木质，暗黄色，长 10 ～ 15cm，有香气。花期 4 月，果期 9 ～ 10 月。

【分布与生境】慈溪观海卫、横河等地有栽培；杭州等地有栽培；苏、皖、赣、闽、鄂、鲁、陕、粤、桂等省份也有。

【用　途】树姿优美，春花烂漫，入秋后金果满树，芳香袭人，适于风景区、公园、庭园、寺院绿化观赏，亦供制桩景。未熟果实经水煮或糖渍后可食用；果入药；材用。

【相近种】贴梗海棠（见 112）。

【附　注】慈溪有古树。

古木瓜

112 贴梗海棠

【别　名】皱皮木瓜

【学　名】*Chaenomeles speciosa*

【科　名】蔷薇科 Rosaceae

【形　态】落叶灌木。枝直立开展；有刺；小枝紫褐色或黑褐色，微屈曲，无毛；冬芽三角状卵形，顶端急尖。单叶互生；叶片卵形至椭圆形，长 3 ～ 9cm，先端急尖，基部楔形至宽楔形，边缘具尖锐锯齿，齿尖开展，无毛或萌枝的叶背脉上有短柔毛；叶柄长约 1cm；托叶大型，肾形或半圆形。花先叶开放，花梗粗短。花瓣猩红色，稀淡红色或白色。果实球形或卵球形，黄色或带黄绿色，有斑点，芳香。花期 3 ～ 5 月，果期 9 ～ 10 月。

【分布与生境】慈溪各地有栽培；浙江各地习见栽培；粤、川、贵、云、陕、甘等省份有分布。

【用　途】枝桠横斜，花色艳丽，烂漫如锦，供公园、庭园观花观果，亦可盆栽。果入药。

【相近种】木瓜（见 111）。

贴梗海棠成熟果枝

幼果枝

花枝

113 沙　梨

【别　名】梨头

【学　名】*Pyrus pyrifolia*

【科　名】蔷薇科 Rosaceae

【形　态】落叶乔木。小枝、叶片、叶柄具脱落性黄褐色或褐色毛；二年生枝紫褐色，具稀疏皮孔；冬芽长卵形，顶端圆钝，稍具长柔毛。单叶互生；叶片卵状椭圆形或卵形，长 7 ～ 12cm，先端长渐尖，基部圆形或近心形，稀宽楔形，边缘具刺芒状锯齿，微向内合拢；叶柄长 3 ～ 4.5cm；托叶线状披针形，早落。伞房总状花序，花瓣白色，花柱 4 ～ 5 枚。果大，近球形，径 3 ～ 7cm，有斑点，顶端微凹陷，萼片脱落。花期 3 ～ 4 月，果期 7 ～ 8 月。

【分布与生境】慈溪各地有栽培，周巷为“中国黄花梨之乡”，自主选育的“慈溪新世花”梨在观海卫集中生产；浙江各地习见栽培；华东、中南、西南等省份均有栽培。

【用　途】春花满树，枝叶浓密，供经济栽培，公园、庭园、轻盐碱土绿化。果实供鲜食；果入药；材用。

【相近种】豆梨（见 114）。

花枝

枝叶

沙梨果枝

114 豆　梨

【学　名】*Pyrus calleryana*

【科　名】蔷薇科 Rosaceae

【形　态】落叶小乔木。有枝刺，二年生枝灰褐色。单叶互生；叶片宽卵形至卵状椭圆形，长 4 ～ 8cm，先端渐尖，稀急尖，基部圆形至宽楔形，边缘有圆钝细锯齿；叶柄长 2 ～ 4cm。伞房总状花序，花白色，花柱 2 枚，稀 3 枚。梨果黄褐色或绿褐色，直径约 1cm。花期 4 月，果期 9 ～ 11 月。

【分布与生境】产于慈溪丘陵区各地，生于山坡林中、林缘、沟谷边、灌丛中以及路旁；分布于浙江各地；沪、苏、皖、赣、闽、台、鄂、湘、鲁、豫、粤、桂等省份有分布。

【用　途】花繁而色白，供山区生态林造林，风景区、公园、庭园绿化。材用；根皮、果皮入药；常作沙梨之砧木。

【相近种】沙梨（见 113）。

豆梨果枝

花枝

枝叶

115 湖北海棠

【别　名】野海棠

【学　名】*Malus hupehensis*

【科　名】蔷薇科 Rosaceae

【形　态】落叶小乔木或灌木。老枝紫色或紫褐色；叶在芽中呈席卷状；叶柄、花梗的向阳面带紫红色。单叶互生；叶片卵形、卵状椭圆形或椭圆形，长 3 ～ 8cm，先端急尖或渐尖，基部宽楔形，边缘有细锐锯齿，常呈紫红色，侧脉 4 对；叶柄长 1 ～ 3cm。花 4 ～ 6 朵，粉红色或白色，花柱 3（4）枚。果实黄绿色稍带红晕，径约 8mm。花期 4 ～ 5 月，果期 8 ～ 9 月。

【分布与生境】产于慈溪观海卫、横河、市林场等丘陵区，生于海拔 100 ～ 400m 的山坡、沟谷林中、林缘或路旁；分布于浙江丘陵地带；华东、中南、西南以及晋、陕、甘等省份有分布。

【用　途】花色、果色俱美，叶常带紫红，秋叶转红，供山区生态林混交造林，风景区、公园、庭园绿化。材用；根、果入药。

花枝　秋叶

树皮

湖北海棠果枝

山莓果枝

116 山　莓

枝叶

花枝

【别　名】咯咯红（慈溪）、悬钩子

【学　名】*Rubus corchorifolius*

【科　名】蔷薇科 Rosaceae

【形　态】落叶灌木，从地下部分蘖生新枝。枝具稀疏针状弯皮刺。单叶互生；叶片卵形、卵状披针形，长 4 ～ 10cm，先端渐尖，基部心形至圆形，不裂或 3 浅裂，边缘有不整齐重锯齿，正面近无毛或脉上被短毛，背面幼时密被灰褐色细绒毛，后近无毛，基部有 3 脉；叶柄长 1 ～ 3cm；托叶基部与叶柄合生。花单生，稀数朵簇生短枝端，花梗长 0.6 ～ 1.2cm，花白色。聚合果橙红色，近球形，密被细柔毛。花期 2 ～ 3 月，果期 4 ～ 6 月。

【分布与生境】产于慈溪丘陵区各地，生于向阳山坡、路边、溪边或灌丛中；分布于浙江各地；华东、华中、华南、西南及华北均有分布。

【用　途】嫩叶带红色，花色洁白，供观赏。果可食；根供化工用；根、果实入药。

掌叶覆盆子花枝

117 掌叶覆盆子

【别　名】咯咯红（慈溪）

【学　名】*Rubus chingii*

【科　名】蔷薇科 Rosaceae

【形　态】落叶灌木。幼枝绿色，无毛，有白粉和皮刺。单叶互生；叶片近圆形，直径 5 ～ 9cm，掌状 5 深裂，稀 3 或 7 裂，裂片基部渐狭，叶基近心形，具 5 出脉，边缘有重锯齿或缺刻，两面脉上有白色短柔毛；叶柄长 3 ～ 5cm，疏生小皮刺。花单生，花梗长 2 ～ 4cm，花瓣白色。聚合果红色，球形，密被白色柔毛，下垂。花期 3 ～ 4 月，果期 5 ～ 6 月。

聚合果

【分布与生境】产于慈溪丘陵区各地，生于山坡疏林、林缘或灌草丛中；分布于浙江山区、半山区；沪、苏、皖、赣、闽等省份也有分布。

【用　途】叶形美观，花大色白，供观赏。果可鲜食；果、根入药。

118 茅　莓

【别　名】咯咯红（慈溪）

【学　名】*Rubus parvifolius*

【科　名】蔷薇科 Rosaceae

【形　态】落叶披散灌木。枝呈拱形弯曲，被柔毛和稀疏钩状皮刺。复叶互生，小叶 3 枚，在新枝上偶有 5 枚；小叶片正面伏生疏柔毛或近无毛，背面密被灰白色绒毛；叶柄长 2.5 ～ 5cm，有小刺并被毛；托叶线形；顶生小叶片菱状圆形至宽倒卵形，长宽各 3 ～ 6cm，先端圆钝，基部圆形或宽楔形，边缘有重粗锯齿；侧生小叶片稍小。伞房花序，花梗长 0.5 ～ 1.5cm，花瓣粉红色至紫红色。聚合果红色，卵球形。花期 4 ～ 7 月，果期 7 月。

果枝

【分布与生境】产于慈溪丘陵区各地，平原至沿海偶有分布，生于低山丘陵山坡、路边、塘坎等处；分布于浙江各地；全国均有分布。

【用　途】花、果色泽鲜艳，供垂直绿化与观赏。果供食用；叶和根皮供化工用；全株或根入药。

叶背

茅莓生境

119 红腺悬钩子

【学　名】*Rubus sumatranus*

【科　名】蔷薇科 Rosaceae

【形　态】直立或攀援灌木。小枝、叶轴、叶柄、花序轴和花梗均密被紫红色具腺刚毛、柔毛及皮刺。奇数羽状复叶互生，小叶 5 ～ 7 枚，稀 3 或 9 枚；叶柄长 3 ～ 5cm；托叶有腺毛；小叶片卵状披针形至披针形，长 2.5 ～ 9cm，先端渐尖，基部圆形，偏斜，边缘有不整齐的尖锐锯齿，两面疏生柔毛，沿叶脉较密，背面沿脉有小皮刺。花单生或数朵成伞房花序，花梗长 2 ～ 3cm，花瓣白色。聚合果橘红色，长圆形。花期 4 ～ 6 月，果期 5 ～ 8 月。

复叶

【分布与生境】产于慈溪龙山、掌起等丘陵区，生于海拔 200 ～ 400m 的山坡林下或林缘（慈溪新记录）；分布于湖州、杭州、衢州、台州、丽水、温州等地；皖、赣、闽、台、鄂、湘、川、云、贵、藏、粤、桂等省份有分布。

【用　途】植株多紫红色腺体，花白色，供观赏。果可食；根入药。

【相近种】蓬蘽（见 120）。

果枝

红腺悬钩子生境

果枝

蓬蘽花枝

120 蓬　蘽

【别　名】咯咯红（慈溪）、覆盆子

【学　名】*Rubus hirsutus*

【科　名】蔷薇科 Rosaceae

【形　态】半常绿小灌木。枝、叶柄和小叶柄均被腺毛、柔毛及散生皮刺。奇数羽状复叶互生，小叶 3 ～ 5 枚，叶柄长 2 ～ 5cm，顶生小叶片柄长 1.5cm；托叶披针形；小叶片卵形或宽卵形，长 3 ～ 7cm，先端急尖或渐尖，基部圆形、心形或宽楔形，边缘有不整齐的重锯齿。花单生，花梗长 3 ～ 6cm，花瓣白色。聚合果红色，近球形。花期 4 ～ 6 月，果期 5 ～ 7 月。

【分布与生境】产于慈溪丘陵区各地，平原至沿海偶有分布，生于山沟、路旁、灌草丛或果园中，常连成小片生长；分布于浙江各地；沪、苏、皖、赣、闽、台、粤、豫等省份也有分布。

【用　途】花色洁白，可用作公园林缘地被。果可食用；全株或根、叶入药。

【相近种】红腺悬钩子（见 119）。

【附　注】蘽音 lěi。

121 高粱泡

【学　名】*Rubus lambertianus*

【科　名】蔷薇科 Rosaceae

【形　态】半常绿蔓性灌木。茎有棱，散生钩状小皮刺。单叶互生；叶片宽卵形，稀长圆状卵形，长 7 ～ 10cm，先端渐尖，基部心形，边缘明显 3 ～ 5 裂或呈波状，有微锯齿，正面疏生柔毛，背面脉上被脱落性长硬毛，中脉常疏生小皮刺；叶柄长 2 ～ 5cm，散生皮刺；托叶线状深裂。圆锥花序顶生，花梗长 0.5 ～ 1cm，花瓣白色。聚合果红色，球形。花期 7 ～ 8 月，果期 9 ～ 11 月。

叶与幼果

花枝

【分布与生境】产于慈溪丘陵区各地，生于林下、沟边或路旁；分布于浙江各地；长江流域以南省份有分布。

【用　途】花白果红，秋叶常带紫红色，供边坡，断面覆绿。果供食用；根入药。

【相近种】寒莓（见 122）；太平莓（见 123）；周毛悬钩子（见 124）。

高粱泡果枝

寒莓生境

122 寒　莓

【学　名】*Rubus buergeri*

【科　名】蔷薇科 Rosaceae

花枝

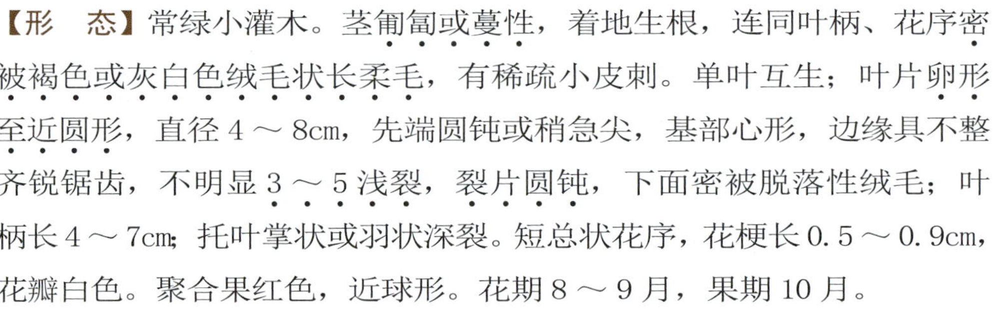
【形　态】常绿小灌木。茎匍匐或蔓性，着地生根，连同叶柄、花序密被褐色或灰白色绒毛状长柔毛，有稀疏小皮刺。单叶互生；叶片卵形至近圆形，直径 4～8cm，先端圆钝或稍急尖，基部心形，边缘具不整齐锐锯齿，不明显 3～5 浅裂，裂片圆钝，下面密被脱落性绒毛；叶柄长 4～7cm；托叶掌状或羽状深裂。短总状花序，花梗长 0.5～0.9cm，花瓣白色。聚合果红色，近球形。花期 8～9 月，果期 10 月。

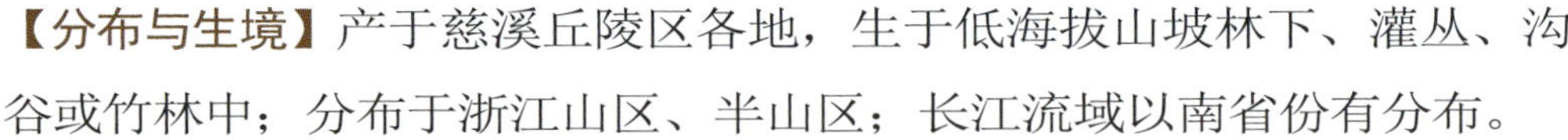
【分布与生境】产于慈溪丘陵区各地，生于低海拔山坡林下、灌丛、沟谷或竹林中；分布于浙江山区、半山区；长江流域以南省份有分布。

【用　途】叶色浓绿，形状特别，供阴向山坡生态覆绿或作林下地被。果供食用；根供化工用；根、全株或叶入药。

【相近种】高粱泡（见 121）；周毛悬钩子（见 124）。

果枝

果枝

123 太平莓

【学　名】*Rubus pacificus*

【科　名】蔷薇科 Rosaceae

【形　态】常绿小灌木。茎细，匍匐或蔓生，无毛，无刺或疏生小皮刺。单叶互生；叶片革质，宽卵形或长卵形，长 8 ～ 16cm，先端渐尖或短尖，基部心形或截形，边缘不明显浅裂，有不整齐具突尖头的锐锯齿，背面密被灰白色绒毛，背面侧脉隆起，棕色或褐色；叶柄长 4 ～ 9cm，疏生小皮刺；托叶叶状，长圆形，近顶端有缺刻状条裂。短总状或伞房花序；花梗长 1 ～ 3cm，花瓣白色。聚合果红色，球形。花期 6 ～ 7 月，果期 8 ～ 9 月。

【分布与生境】产于慈溪丘陵区各地，生于山坡灌丛中、林下和路旁（慈溪新记录）；分布于湖州、杭州、宁波、台州、衢州、丽水、温州等地；苏、皖、赣、闽、湘等省份有分布。

【用　途】叶形美观，花白色，适作林下地被。果可食；全株入药。

【相近种】高粱泡（见 121）；周毛悬钩子（见 124）。

太平莓花枝

叶背

124 周毛悬钩子

果枝

生境

【学　名】*Rubus amphidasys*

【科　名】蔷薇科 Rosaceae

【形　态】常绿小灌木。枝蔓性，常无皮刺。枝、叶柄、总花梗、花梗和花萼均密被红褐色长腺毛、软刺毛和淡黄色长柔毛。单叶互生；叶片卵形或宽卵形，长 4.5 ～ 11cm，先端短渐尖或急尖，基部心形，边缘 3 ～ 5 浅裂，裂片圆钝，有不规则尖锐锯齿，背面有疏柔毛；叶柄长 2 ～ 6cm；托叶羽状深裂。短总状花序，稀 3 ～ 5 朵簇生，花梗长 0.5 ～ 1.4cm，花瓣白色。聚合果暗红色，半球形，包藏在花萼内。花期 5 ～ 7 月，果期 7 ～ 9 月。

【分布与生境】产于慈溪龙山、桥头、匡堰等丘陵区，生于山坡路旁灌丛或林下；分布于浙江山区、半山区；皖、赣、闽、鄂、湘、粤、川、贵等省份有分布。

【用　途】叶色浓绿，叶形美观，适于林下生物覆盖。果可食；全株入药。

【相近种】高粱泡（见 121）；寒莓（见 122）；太平莓（见 123）。

周毛悬钩子叶背

125 金樱子

【别　名】刺糖甏（慈溪）、刺梨子

【学　名】*Rosa laevigata*

【科　名】蔷薇科 Rosaceae

【形　态】常绿攀援灌木。小枝粗壮，幼时被腺毛，具扁弯皮刺。复叶互生，小叶 3 枚，稀 5 枚，连叶柄长 5 ～ 10cm；叶轴、小叶柄有皮刺和腺毛；托叶披针形，边缘有细齿，齿端有腺体，早落；小叶片革质，椭圆状卵形、倒卵形或披针状卵形，长 2 ～ 6cm，先端急尖或圆钝，边缘具锐锯齿，正面光亮无毛，背面仅幼时沿中脉有腺毛。花单生叶腋，花径 5 ～ 7cm，花瓣白色。蔷薇果梨形或倒卵形，紫褐色，密被针刺。花期 4 ～ 6 月，果期 9 ～ 10 月。

【分布与生境】产于慈溪丘陵区各地，生于向阳山坡、沟谷疏林、灌丛中及低丘区四旁，爬攀或覆盖于灌丛、岩石或残垣上；分布于浙江山区、半山区；我国长江流域以南各省份均有分布。

【用　途】花朵硕大、洁白、密集，花期长，果形奇特，深秋叶面常带紫色，适于边坡、断面覆绿，公园、庭园垂直绿化，石景点缀。嫩芽、花瓣、肉质果托可食用；根供化工用；根、叶、果入药。

成熟果实

花枝

金樱子生境

硕苞蔷薇果枝

126 硕苞蔷薇

【别　名】糖甏（慈溪）、糖钵

【学　名】*Rosa bracteata*

【科　名】蔷薇科 Rosaceae

【形　态】常绿匍匐灌木。小枝有稀疏针刺；皮刺扁弯。小枝、叶轴、叶柄、小叶柄、托叶、花梗、花萼、花托均具柔毛和腺毛。奇数羽状复叶互生，小叶5～9（13）；叶轴、小叶柄有小皮刺；托叶大部分离生，呈篦齿状深裂，脱落；小叶片革质，椭圆形或倒卵形，长1.5～2.5cm，先端截形、圆钝或稍急尖，基部宽楔形或近圆形，边缘有紧贴圆钝锯齿。苞片宽大，花径4.5～7cm，花瓣白色。蔷薇果球形，橙红色，被毛。花期4～5月，果期9～11月。

【分布与生境】产于慈溪丘陵区各地，生于低海拔的溪边、山坡、路旁及平原等向阳处；分布于浙江全省；沪、苏、皖、赣、闽、台、湘、贵、云等省份也有分布。

【用　途】花朵白色、硕大，适于公园、庭园垂直绿化，石景点缀。嫩芽、花瓣、肉质果托可食；根、叶、花、果入药。

【相近种】密刺硕苞蔷薇（见127）；木香花（见128）；小果蔷薇（见129）；野蔷薇（见133）；粉团蔷薇（见134）；七姐妹（见135）。

花枝

密刺硕苞蔷薇果枝

127 密刺硕苞蔷薇

【别　名】糖甏（慈溪）

【学　名】*Rosa bracteata* var. *scabriacaulis*

【科　名】蔷薇科 Rosaceae

【形　态】为硕苞蔷薇的变种。其小枝密被针刺和腺毛，与原种相区别。

【分布与生境】产于慈溪丘陵区各地，生于环境干燥的低海拔山坡灌丛、山麓和路边（宁波新记录）；分布于杭州、建德、普陀、武义、黄岩、洞头、松阳、泰顺等县市；闽、台也有分布。

【用　途】同原种。

【相近种】硕苞蔷薇（见 126）；木香花（见 128）；小果蔷薇（见 129）；野蔷薇（见 133）；粉团蔷薇（见 134）；七姐妹（见 135）。

皮刺

花

128 木香花

【学　名】*Rosa banksiae*

【科　名】蔷薇科 Rosaceae

【形　态】落叶或半常绿攀援灌木。小枝无毛，有皮刺；叶轴、小叶柄有稀疏柔毛，并散生小皮刺。复叶互生，连叶柄长 4～6cm；小叶 3～5 枚，稀 7 枚；托叶线状披针形，离生，早落；小叶片椭圆状卵形或长圆状披针形，长 2～5cm，先端急尖或稍钝，基部近圆形或宽楔形，边缘有紧贴细锯齿，背面沿脉有柔毛。伞形状花序，花瓣白色，重瓣或半重瓣，芳香。花期 4～5 月，果期 8～9 月。

花枝

【分布与生境】慈溪掌起等地有栽培；原产我国南部、西南部，现全国各地均有栽培。

【用　途】晚春至初夏白花满枝，芳香宜人，供花架、廊道、篱垣、崖壁等垂直绿化。花、根皮供化工用；花瓣、嫩芽可食用；根、叶入药。

【相近种】硕苞蔷薇（见 126）；密刺硕苞蔷薇（见 127）；小果蔷薇（见 129）；软条七蔷薇（见 132）；野蔷薇（见 133）；粉团蔷薇（见 134）；七姐妹（见 135）。

木香花植株

小果蔷薇花枝

129 小果蔷薇

复叶与果枝

【别　名】山木香

【学　名】*Rosa cymosa*

【科　名】蔷薇科 Rosaceae

【形　态】常绿或半常绿攀援灌木。小枝无毛或稍被毛，具钩状皮刺。一回奇数羽状复叶互生，小叶 3 ～ 5 枚，稀 7 枚，连叶柄长 5 ～ 10cm，叶轴疏被皮刺和腺毛；托叶离生，线形，早落；小叶片卵状披针形或椭圆形，长 2.5 ～ 6cm，先端渐尖，基部近圆形，边缘有紧贴尖锐细锯齿，两面无毛或上面中脉有疏长柔毛。复伞房花序多花，花径 2 ～ 2.5cm，花瓣白色。蔷薇果球形，黄色。花期 5 ～ 6 月，果期 7 ～ 11 月。

【分布与生境】产于慈溪丘陵区各地，生于山坡、溪沟林中、林缘或灌丛中及路边；分布于浙江山区、半山区；我国长江流域以南各省份有分布。

【用　途】花序密集，花朵洁白，花期长，供公园、庭园垂直绿化，石景点缀。嫩芽、花瓣可食；根、果、花、叶入药。

【相近种】硕苞蔷薇（见 126）；密刺硕苞蔷薇（见 127）；木香花（见 128）；软条七蔷薇（见 132）；野蔷薇（见 133）；粉团蔷薇（见 134）；七姐妹（见 135）。

130 玫 瑰

【学 名】*Rosa rugosa*

【科 名】蔷薇科 Rosaceae

【形 态】落叶直立灌木。小枝、叶柄、叶轴、小叶背面、花梗均密被绒毛和腺毛；小枝有针刺、皮刺，皮刺直或弯，被绒毛。复叶互生，连叶柄长 5 ～ 13cm；小叶 5 ～ 9 枚；托叶大部贴生于叶柄，离生部分卵形；小叶片椭圆形至椭圆状倒卵形，长 2 ～ 5cm，先端锐尖或圆钝，基部圆形或宽楔形，边缘有尖锐锯齿，正面叶脉深陷，有皱纹，背面有白霜，叶脉明显隆起。花径 6 ～ 8cm，芳香。蔷薇果砖红色，萼片宿存。花期 4 ～ 5 月，果期 8 ～ 9 月。

【分布与生境】慈溪各地有零星栽培；我国辽、山东有野生，现全国各地有栽培。

【用 途】花色艳丽、芳香，是极佳的观赏花木，供花篱、花镜、大型花坛美化，庭园观赏，也供建立专类玫瑰园。花供食用，果富含维生素 C；花可提取芳香油，种子可榨油；花蕾入药。

【相近种】月季（见 131）。

叶背

花蕾与幼果

玫瑰花枝

131 月　季

【别　名】花树（慈溪）、刺孟花（慈溪）、月季花、现代月季、杂种月季

【学　名】*Rosa* cvs.

【科　名】蔷薇科 Rosaceae

【形　态】常绿或半常绿直立灌木。小枝粗壮，近无毛，有粗短的钩状皮刺或无刺；叶柄、托叶具腺毛。复叶互生，连叶柄长 5 ～ 11cm；小叶 3 ～ 5 枚；叶柄散生皮刺；托叶大部贴生于叶柄，先端分离部分耳状；小叶片宽卵形至卵状长圆形，长 2.5 ～ 6cm，先端长渐尖或渐尖，基部近圆形或宽楔形，边缘有锐锯齿，两面近无毛，正面暗绿色，平滑，有光泽。花径 4 ～ 6cm，微香。蔷薇果红色，萼片脱落。花期 4 ～ 10 月，果期 6 ～ 11 月。

【分布与生境】慈溪各地均有栽培；原产中国，各地广泛栽培。

【用　途】花容秀美，千姿百态，四时常开，嫩叶和冬叶常呈红色，观赏价值极高，为我国传统“十大名花”之一，适于街区、机关、学校、居民区、城市广场、公园之花篱、花屏、花墙绿化，庭园孤植亦美，也作盆景或切花。花瓣、嫩芽可食用；花供化工用；花蕾、根、叶入药。

【相近种】玫瑰（见 130）。

【附　注】月季于 1988 年被选为慈溪“市花”。

花枝

花枝

花蕾

月季花序

软条七蔷薇花枝

132 软条七蔷薇

【别　名】秀蔷薇

【学　名】*Rosa henryi*

【科　名】蔷薇科 Rosaceae

果枝

花枝（侧面）

【形　态】落叶或半常绿攀援灌木。小枝有皮刺或无刺，皮刺短扁、弯曲。复叶互生，小叶 5 枚，稀 3 枚，连叶柄长 9 ～ 14cm；叶轴和小叶柄散生小皮刺；托叶大部分贴生于叶柄，离生部分披针形，全缘；小叶片长圆形、卵形、椭圆形或椭圆状卵形，长 3.5 ～ 9cm，先端长渐尖或尾尖，基部近圆形或宽楔形，边缘具锐锯齿。伞形状伞房花序，花径 3 ～ 4cm，花瓣白色。蔷薇果近球形，红色。花期 4 ～ 5 月，果期 8 ～ 11 月。

【分布与生境】产于慈溪龙山、掌起、观海卫、匡堰、市林场等地，生于山坡、溪谷疏林中、灌丛中、林缘以及山脚、路旁等处；分布于浙江山区、半山区；我国秦岭以南各省份有分布。

【用　途】繁花洁白，供公园、庭园垂直绿化，石景点缀。嫩芽、花瓣可食；根、果入药。

【相近种】木香花（见 128）；小果蔷薇（见 129）；野蔷薇（见 133）；粉团蔷薇（见 134）；七姐妹（见 135）。

133 野蔷薇

【别　名】多花蔷薇

【学　名】*Rosa multiflora*

【科　名】蔷薇科 Rosaceae

【形　态】落叶或半常绿攀援灌木。小枝无毛，皮刺粗短而弯曲。复叶互生，小叶 5 ～ 9 枚，稀 3 枚，连叶柄长 5 ～ 10cm；叶轴和叶柄有短柔毛或腺毛；托叶篦齿状，大部贴生于叶柄，边缘有腺毛；小叶片倒卵形、长圆形或卵形，长 1.5 ～ 5cm，先端急尖或圆钝，基部近圆形或楔形，边缘具尖锐锯齿，背面有柔毛；小叶柄散生腺毛。圆锥状花序，花径 1.5 ～ 2.5cm，花单瓣，白色。蔷薇果近球形，红色。花期 5 ～ 7 月，果期 10 ～ 11 月。

【分布与生境】产于慈溪丘陵区各地，生于向阳山坡、溪沟边、路旁或灌丛中；分布于浙江山区、半山区；我国黄河流域以南各省份有分布。

【用　途】茎攀援，花繁多，白花红果，供公园、庭园垂直绿化，石景点缀，断面、边坡覆绿。嫩芽、花瓣食用；鲜花供化工用；花、果、根入药；常用作月季花的砧木。

【相近种】硕苞蔷薇（见 126）；密刺硕苞蔷薇（见 127）；木香花（见 128）；小果蔷薇（见 129）；软条七蔷薇（见 132）；粉团蔷薇（见 134）；七姐妹（见 135）。

成熟果枝

野蔷薇果枝

花枝

134 粉团蔷薇

【学　名】*Rosa multiflora* var. *cathayensis*

【科　名】蔷薇科 Rosaceae

【形　态】为野蔷薇的变种。其花粉红色，与原种相区别。

【分布与生境】产地、生境同野蔷薇。

【用　途】花繁多，粉红色。其它同野蔷薇。

【相近种】硕苞蔷薇（见 126）；密刺硕苞蔷薇（见 127）；木香花（见 128）；小果蔷薇（见 129）；软条七蔷薇（见 132）；野蔷薇（见 133）；七姐妹（见 135）。

粉团蔷薇花序

花枝

七姐妹花枝

135 七姐妹

【别　名】十姐妹

【学　名】*Rosa multiflora* 'Carnea'

【科　名】蔷薇科 Rosaceae

【形　态】为野蔷薇的重要栽培品种。花重瓣，粉红或深红，与原种相区别。

【分布与生境】慈溪有栽培；各地习见栽培。

【用　途】枝叶浓绿，红花繁密，花期持久，供公园、庭园垂直绿化和石景点缀。其它同原种。

【相近种】硕苞蔷薇（见 126）；密刺硕苞蔷薇（见 127）；木香花（见 128）；小果蔷薇（见 129）；软条七蔷薇（见 132）；野蔷薇（见 133）；粉团蔷薇（见 134）。

花枝与嫩叶

136 桃

【学　名】*Amygdalus persica*

【科　名】蔷薇科 Rosaceae

【形　态】落叶小乔木。小枝绿色，向阳面变成红色，无毛，有光泽，皮孔小而多；具顶芽；冬芽 2 ～ 3 个簇生，中间为叶芽，两侧为花芽。单叶互生；叶片长圆状披针形、椭圆状披针形或倒卵状披针形，长 7 ～ 15cm，先端渐尖，基部宽楔形，叶缘具锯齿，齿端具腺体或无；叶柄长 1 ～ 2cm，具 1 至数枚腺体，有时无腺体。花先叶开放，花瓣粉红色，罕白色。果实常在向阳面带红晕，腹缝线明显。花期 3 ～ 4 月，果期 5 ～ 10 月。

【分布与生境】慈溪各地有栽培，古窑浦栽培较集中，也有呈野生或逸生状态，生于海拔 150 ～ 300m 的山坡和溪边灌丛中；原产于中国，浙江安吉、开化、遂昌、龙泉、丽水等县市有野生，现各地广泛栽培。

【用　途】花先叶开放，芳菲烂漫，妩媚可爱；只开花不结果的观赏类群通称“花桃”。供经济栽培，又宜于山坡、水滨、石旁、墙基、庭园或草坪边缘栽植，或盆栽、切花及制桩景。果、树胶食用；花、枝、叶、根、树胶、幼果、桃仁入药；材用。

桃果枝

桃胶

花

花桃

果

137 杏

【学　名】*Armeniaca vulgaris*

【科　名】蔷薇科 Rosaceae

【形　态】落叶乔木。树皮灰褐色，纵裂；老枝浅褐色，皮孔大，横生；一年生枝浅红褐色，有光泽，具多数小皮孔；顶芽缺。单叶互生；叶片宽卵形或圆卵形，长 5 ～ 9cm，先端急尖至短渐尖，基部圆形至近心形，边缘有圆钝锯齿，背面脉腋间常具柔毛；叶柄长 2 ～ 3.5cm，基部常具 1 ～ 6 个腺体。花单生，先叶开放，花梗短，花瓣白色或粉红色。果实白色、黄色至黄红色，常具红晕。花期 3 ～ 4 月，果期 6 ～ 7 月。

【分布与生境】慈溪横河、周巷等地有栽培；浙江及全国均有栽培。

【用　途】春季白花（粉花）满树，夏季硕果累累，观花观果皆宜，供经济栽培，公园、庭园观赏。果和种仁供食用；种仁入药；材用。

【相近种】梅（见 138）。

杏果枝

枝叶

枝叶

花枝

138 梅

【学　名】*Armeniaca mume*

【科　名】蔷薇科 Rosaceae

【形　态】落叶小乔木，稀灌木。树皮浅灰色或带绿色，平滑；一年生枝绿色，光滑无毛；顶芽缺。单叶互生；叶片卵形或椭圆形，长 4～8cm，先端尾尖，基部宽楔形至圆形，边缘常具细锐锯齿，灰绿色，两面被脱落性短柔毛，或仅背面脉腋间具短柔毛；叶柄长 1～2cm，常有腺体。花单生，有时 2 朵同生于 1 芽内，有浓香，先叶开放，花瓣白色至粉红色。果被柔毛，味酸。花期 2～3 月，果期 5～6 月。

【分布与生境】慈溪各地有栽培；浙江多栽培，山区常有野生；全国各地普遍栽培。

【用　途】花先叶开放，傲立霜雪，色彩丰富，花期长久，树姿苍劲，花形端雅，乃早春观赏之名品，为我国传统“十大名花”之一，曾被民国政府定为国花；相对于“果梅”而言，专供观花的类群通称“花梅”。可栽于屋前、坡上、石际、路边、塘畔或天井内之地势高燥处，又可建立专类园，作切花、盆栽、制盆景皆宜。果供食用；鲜花供化工用；根、叶、花蕾、果实、种仁入药；材用。

【相近种】杏（见 137）。

梅果枝

李幼果枝

139 李

果枝

花枝

【学　名】*Prunus salicina*

【科　名】蔷薇科 Rosaceae

【形　态】落叶灌木或小乔木。树皮灰褐色；小枝黄红色；小枝、冬芽、叶片正面、叶柄、花梗均无毛；顶芽缺。单叶互生；叶片长圆状倒卵形、长椭圆形，长 6 ～ 8（12）cm，先端渐尖、短尾尖或急尖，基部楔形，边缘有圆钝重锯齿，常间有单锯齿，背面中脉有稀疏柔毛或脉腋有髯毛，侧脉 6 ～ 10 对；叶柄长 1 ～ 2cm，顶端有 2 个腺体或无。花常 3 朵并生，花梗长 1 ～ 2cm，花瓣白色，有紫色脉纹。果光滑，被白粉。花期 4 月，果期 7 ～ 8 月。

【分布与生境】产于慈溪各地，丘陵区栽培较普遍；浙江湖州、杭州、金华、台州、丽水、温州的部分县市有野生，全省各地有栽培；除新、台以外，全国各省份均有栽培或野生。

【用　途】春季白花繁密，入夏果实累累，富有观赏价值，供经济栽培，公园、庭园绿化，或盆栽观赏。果供食用；根皮、叶、果实、种仁、树胶入药；材用。

【相近种】麦李（见 140）。

140 麦　李

【学　名】*Cerasus glandulosa*

【科　名】蔷薇科 Rosaceae

【形　态】落叶灌木。小枝灰棕色或棕褐色，无毛或嫩枝被短绒毛。单叶互生；叶片卵状长圆形或长圆状披针形，长 2.5 ～ 6cm，先端急尖，稀渐尖，基部楔形或宽楔形，最宽处在中部，边缘有细钝重锯齿，两面无毛或中脉有疏柔毛，侧脉 4 ～ 5 对；叶柄长 1.5 ～ 3mm；托叶线形，早落。花单生或 2 ～ 3 朵簇生，花叶同放，花瓣白色或粉红色。核果近球形，红色或紫红色。花期 3 ～ 4 月，果期 5 ～ 6(7) 月。

【分布与生境】产于慈溪匡堰等丘陵区，生于海拔 250 ～ 400m 的山坡、沟谷的灌丛中（慈溪新记录），平原有零星栽培。分布于湖州、杭州、宁波、金华、台州、丽水等地；长江流域以南及鲁等省份有分布。

【用　途】繁花满枝，白色或粉红色，供公园、庭园绿化观赏。果可食；种仁入药。

【相近种】李（见 139）。

麦李植株

果

枝叶

花

141 刺叶桂樱

【别　名】橉木

【学　名】*Laurocerasus spinulosa*

【科　名】蔷薇科 Rosaceae

【形　态】常绿乔木。小枝紫褐色或黑褐色，皮孔显著，无毛或嫩枝微被脱落性柔毛。单叶互生；叶片薄革质，长圆形或倒卵状长圆形，长5～10cm，先端渐尖至尾尖，基部宽楔形至近圆形，偏斜，边缘波状，中部以上或先端具针刺状锯齿，近基部常具1～2对基腺，两面无毛，正面亮绿色，侧脉8～14对，明显；叶柄长5～10（15）mm。总状花序单生于叶腋，花瓣白色。果椭圆形，褐色至黑褐色。花期9～10月，果期11月至翌年4月。

叶背

枝叶

【分布与生境】产于慈溪龙山、观海卫、市林场等丘陵区，生于海拔150～400m的沟谷、山坡林中或林缘（慈溪新记录）；分布于湖州、杭州、绍兴、宁波、舟山、金华、衢州、台州、丽水、温州等地；长江流域以南省份有分布。

【用　途】树干通直，叶色浓绿，白花繁密，适于风景区、公园、庭园观赏，山区生态林营造。种子入药。

刺叶桂樱花枝

142 山合欢

【别　名】大叶盂杆（慈溪）、山槐

【学　名】*Albizia kalkora*

【科　名】豆科 Leguminosae

【形　态】落叶乔木。树皮深灰色，不裂。小枝深褐色，被短绒毛。二回羽状复叶互生，连叶柄长 20 ～ 35cm，羽片 2 ～ 4（6）对；叶柄基部 1 ～ 2cm 处及羽片轴最顶 1 对小叶下各有 1 腺体；小叶 10 ～ 28 枚；小叶片长圆形或长圆状卵形，长 2 ～ 4cm，基部偏斜，全缘，中脉偏向内侧叶缘，但决不紧靠。头状花序再排成伞房状，花冠白色，花丝上部白色或淡粉红色。花期 6 ～ 7 月，果期 9 ～ 10 月。

【分布与生境】产于慈溪丘陵区各地，生于向阳山坡、溪沟边疏林中，或路边、宅旁；分布于浙江各地；黄河流域以南各省份有分布。

【用　途】叶形雅致，夏季绒花满枝头，花色美丽，供山地生态造林，风景区、公园、庭园绿化观赏。材用；嫩叶、花可食；树皮、种子供化工用；根、树皮、花入药。

【相近种】合欢（见 143）。

【附　注】慈溪有古树。

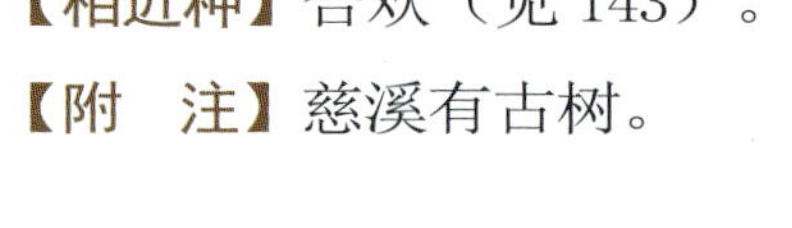

粉花型

果枝

白花型

山合欢生境

合欢生境

143 合　欢

【别　名】细叶孟杆（慈溪）、夜合树、马缨花

【学　名】*Albizia julibrissin*

【科　名】豆科 Leguminosae

果枝

【形　态】落叶乔木。树冠开展，树皮灰褐色，密生皮孔。小枝微具棱。二回羽状复叶互生，羽片4～12（20）对，叶柄近基部有1枚长圆形腺体，小叶20～60枚；小叶片镰形或斜长圆形，长6～13mm，中脉紧靠上部叶缘。头状花序再排成伞房状圆锥花序，花冠淡粉红色，花丝上部粉红色。花期(5)6～7月，果期8～10月。

花枝

【分布与生境】产于慈溪丘陵区各地，生于向阳山坡、溪沟边疏林中或林缘，平原及沿海有栽培；分布于浙江各地；黄河流域以南各省份有分布。

【用　途】枝叶扶疏，叶形雅致，夏季绒花满树，花色美丽，供山地生态造林，风景区、公园、庭园观赏，公路、厂矿区、轻盐碱土绿化。材用；嫩叶、花可食；树皮、种子供化工用；根、树皮、花入药。

【相近种】山合欢（见142）。

花枝

144 紫 荆

【别 名】满条红

【学 名】*Cercis chinensis*

【科 名】豆科 Leguminosae

【形 态】落叶灌木。树皮褐色或灰褐色；小枝无毛，具明显皮孔。单叶互生；叶片近圆形，长 6 ～ 14cm，先端急尖或骤尖，基部心形，掌状 7 出脉在叶背隆起，幼叶背面被脱落性疏柔毛；叶柄长 3 ～ 3.5cm，两端显著膨大。花先叶开放，簇生于老枝上，密集，花冠紫红色。荚果薄革质，腹缝线上的翅宽约 1.5mm。花期 4 ～ 5 月，果期 7 ～ 8 月。

【分布与生境】慈溪各地有栽培；浙江各地均有栽培，偶见野生；华东、华中、西南、华北及陕、甘、辽等省份均见栽培。

【用 途】干直丛出，老茎开花，先叶开放，密密丛丛，满树嫣红，为重要的庭院观赏树种，亦供公园、厂矿区、轻盐碱土绿化。材用；树皮、木材、根、花及果实入药。

紫荆开花状

果枝

果实

枝叶

145 山皂荚

【别　名】皂角

【学　名】*Gleditsia japonica*

【科　名】豆科 Leguminosae

【形　态】落叶乔木。树干和枝条具分枝刺，刺基部以上至近中部压扁，且最粗。一回兼有二回羽状复叶，互生，羽片 2 ～ 6 对，小叶 6 ～ 20 枚；小叶片纸质或厚纸质，长圆形或卵状披针形，先端圆钝，有时微凹，全缘或具波状疏锯齿，正面网脉不明显，背面叶基及中脉被微毛。二回羽状复叶的小叶片显著小于一回羽状复叶者。穗状花序。荚果带状，长 20 ～ 35cm，常扭曲和泡状隆起，腹缝线于种子间略缢缩。花期 4 ～ 5(6) 月，果期 8 ～ 11 月。

山皂荚花枝

【分布与生境】产于慈溪龙山、观海卫、匡堰、横河等丘陵区或近山平原，散生于向阳山坡、谷地或路旁；分布于杭州、临安、上虞、鄞州、宁海、仙居、黄岩等县市；苏、皖、赣、湘、鲁、豫、冀、辽等省份有分布。

【用　途】棘刺形状奇特，树体高大，树冠宽阔，叶密荫浓，供山区生态造林，公园、庭园、厂矿区绿化。材用；嫩叶、种仁可食；果或种子供化工用；棘刺、种子入药。

棘刺

146 云　实

【别　名】倒陊黄狼刺（慈溪，陊音 duò）、黄牛刺

【学　名】*Caesalpinia decapetala*

【科　名】豆科 Leguminosae

皮刺

【形　态】落叶攀援灌木。全体散生倒钩状皮刺。幼枝及幼叶被脱落性褐色或灰黄色短柔毛，老枝红褐色。二回羽状复叶互生，长20～30cm，羽片3～10对，小叶14～30枚；小叶片长圆形，长9～25mm，两端钝圆，全缘；小叶柄极短。总状花序顶生，直立，长13～25（35）cm，花冠黄色。荚果长圆形，栗褐色，有种子6～9粒。花期4～5月，果期9～10月。

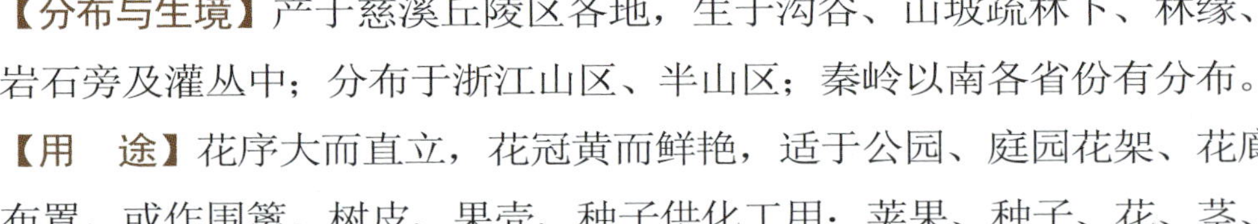

【分布与生境】产于慈溪丘陵区各地，生于沟谷、山坡疏林下、林缘、岩石旁及灌丛中；分布于浙江山区、半山区；秦岭以南各省份有分布。

【用　途】花序大而直立，花冠黄而鲜艳，适于公园、庭园花架、花廊布置，或作围篱。树皮、果壳、种子供化工用；荚果、种子、花、茎、根入药。

花序

云实果枝

147 短蕊槐

【别　名】槐树（通称）

【学　名】*Sophora brachygyna*

【科　名】豆科 Leguminosae

【形　态】落叶乔木。树皮褐色；二年生枝灰绿色，具皮孔；柄下芽。复叶互生，长达 20cm；小叶 9 ～ 13 枚，对生；托叶常镰状弯曲，早落；小叶片卵状披针形或卵状椭圆形，长 2.5 ～ 4（6）cm，先端渐尖，稀急尖，基部钝圆，稍偏斜，全缘，背面灰白色，中脉基部及小叶柄疏被柔毛。圆锥花序，花冠白色或淡黄色，翼瓣和龙骨瓣具紫色条纹，雌蕊长不到雄蕊的 1/2。荚果串珠状，肉质，不裂，有种子 1 ～ 4 粒，种子间急骤缢缩，相互疏离。花期 8 ～ 9 月，果期 10 ～ 11 月。

槐树（国槐）果序

果枝

花

【分布与生境】产于慈溪龙山、匡堰、白沙、胜山等地，生于山麓、宅旁或路边空旷地（宁波新记录）；分布于杭州及临安、景宁等县市；苏、皖、赣、湘、桂等省份也有分布。

【用　途】树冠宽阔，枝叶浓密，白花满树，果形奇妙，挂果持久，供山地生态造林，风景区、寺院、公路、平原四旁绿化。材用；花、嫩叶可食，又为蜜源树种。

【相近种】龙爪槐（见 148）；苦参（见 149）。

【附　注】慈溪有古树；本种与槐树（国槐 *Sophora japonica*）酷似，主要区别为，后者二年生枝绿色，小叶柄密被白色短柔毛，翼瓣和龙骨瓣无紫色条纹，雌蕊长超过雄蕊的 1/2，荚果有种子 1 ～ 6 粒，种子间缢缩不明显，排列较紧密，慈溪有栽培。

古短蕊槐

龙爪槐植株

148 龙爪槐

【别　名】盘槐

【学　名】*Sophora japonica* ‘Pendula’

【科　名】豆科 Leguminosae

【形　态】为槐树的重要栽培品种。落叶小乔木，树冠如伞，大枝弯曲扭转，小枝屈曲下垂，其余特征同原种。

【分布与生境】慈溪各地常见栽培；国内多栽培，地域与原种相似。

【用　途】枝条扭曲下垂，树冠伞形，颇为美观，常于庭院门旁对植或路旁列植供观赏。

【相近种】短蕊槐（见 147）；苦参（见 149）。

果枝

花枝

苦参果枝

149 苦　参

【别　名】地槐

【学　名】*Sophora flavescens*

【科　名】豆科 Leguminosae

【形　态】落叶亚灌木。根圆柱形，外皮黄白色，有刺激性气味，味极苦而持久。茎有不规则纵沟，幼枝有脱落性毛。奇数羽状复叶互生，长 20 ～ 25（35）cm，有小叶 11 ～ 35 枚；小叶片披针形或线状披针形，稀椭圆形，长 3 ～ 4cm，先端渐尖，基部楔形，叶缘向下反卷，背面密生平伏柔毛。总状花序，花冠黄白色。荚果革质，线形，种子间微缢缩，呈不明显串珠状。花期 5 ～ 7 月，果期 7 ～ 9 月。

【分布与生境】产于慈溪丘陵区各地，生于向阳山坡草丛、路边、溪沟边、疏林下；分布于浙江山区、半山区；我国南北各省份均有分布。

【用　途】黄色花朵悦目，供山区生态造林，庭园观赏，或作药材栽培。根入药；纤维植物；作土农药；种子供化工用。

【相近种】短蕊槐（见 147）；龙爪槐（见 148）。

花枝

150 小槐花

【别　名】粘身草

【学　名】*Ohwia caudata*

【科　名】豆科 Leguminosae

【形　态】落叶亚灌木。茎直立，多分枝。三出羽状复叶互生；叶柄长 1 ～ 3.5cm，两侧具狭翅；托叶三角状钻形，疏被长柔毛；小叶片披针形、宽披针形或长椭圆形，稀椭圆形，长 2.5 ～ 9cm，先端渐尖或尾尖，基部楔形或宽楔形，两面被毛，脉上毛较密；小叶柄长 1 ～ 2mm；小托叶钻形。总状花序腋生或顶生，花冠绿白色或淡黄白色。荚果带状，有 4 ～ 8 荚节，易折断，两缝线均缢缩成浅波状，密被棕色钩状毛。花期 7 ～ 9 月，果期 9 ～ 11 月。

【分布与生境】产于慈溪丘陵区各地，生于山坡、山沟疏林下、灌草丛或空旷地；分布于浙江山区、半山区；长江流域以南各省份有分布。

【用　途】叶色浓绿，叶形优美，可供庭园观赏。可作牧草；根或全株入药。

【相近种】尖叶长柄山蚂蝗（见 153）。

果枝

小槐花生境

151 假地豆

【学　名】*Desmodium heterocarpum*

【科　名】豆科 Leguminosae

【形　态】亚灌木或落叶小灌木。茎平卧，稀近直立，被开展毛。复叶互生，小叶 3 枚；叶柄长 1 ～ 3cm；托叶三角状披针形，长 0.5 ～ 1cm，具纵脉；顶生小叶片椭圆形、长椭圆形或倒卵状椭圆形，长 2 ～ 6cm，先端圆钝或微凹，基部圆形或宽楔形，正面无毛，背面被伏毛；小叶柄长 1 ～ 2mm，密被伏毛；小托叶钻形。总状花序，总花梗密被开展的淡黄色钩状毛，花冠紫红色或蓝紫色。荚果被钩状毛，具 4 ～ 8 节。花期 7 ～ 9 月，果期 9 ～ 11 月。

【分布与生境】产于慈溪掌起等丘陵区，生于山坡、山谷、路旁疏林下或灌草丛中；分布于浙江山区、半山区；长江以南省份多有分布。

【用　途】枝叶浓绿，花色美丽，供断面、边坡覆绿，公园、庭园作林缘地被观赏。全株入药。

假地豆花枝

托叶

叶背

152 小叶三点金

【学　名】*Desmodium microphyllum*

【科　名】豆科 Leguminosae

【形　态】亚灌木。茎平卧，有时稍直立，多纤细分枝。三出羽状复叶互生；叶柄长 1 ～ 5mm，无毛或疏被短柔毛；托叶披针形或卵状披针形；顶生小叶片膜质或草质，椭圆形或倒卵形，长 2 ～ 10（15）mm，先端圆形或钝，有时微凹，有小尖头，基部浅心形，正面近无毛，背面疏被白色伏毛；侧生小叶片明显较小。总状花序，花冠粉红色或淡紫色。荚果两面被细钩状毛，两缝线在荚节间缢缩成牙齿状。花期 7 ～ 8 月，果期 9 ～ 10 月。

【分布与生境】产于慈溪龙山等丘陵区，生于山坡、路旁灌草丛中；分布于浙江山区、半山区；长江流域以南省份有分布。

【用　途】枝叶纤细，花色鲜艳，果形独特，供公园、庭园观赏，或栽作药材。根或全株入药。

小叶三点金花枝

果枝

153 尖叶长柄山蚂蝗

【别　名】尖叶山蚂蝗

【学　名】*Hylodesmum podocarpium* ssp. *oxyphyllum*

【科　名】豆科 Leguminosae

【形　态】落叶亚灌木。茎直立，微具棱，常分枝。三出羽状复叶互生，在枝上散生，稀聚生。叶柄长 2 ～ 13cm，上面略具沟槽；托叶线状披针形；顶生小叶片长卵形或椭圆状菱形，长 3 ～ 13cm，先端短渐尖，两面通常无毛或近无毛；侧生小叶片基部稍偏斜；小托叶钻形。总状花序顶生，花冠紫红色。荚果具 2 荚节，两面被短钩状毛，背缝线在种子间缢缩至近腹缝线，果颈长 1 ～ 3mm。花期 8 ～ 9 月，果期 9 ～ 11 月。

【分布与生境】产于慈溪龙山、掌起等丘陵区，生于山坡、溪沟边、路旁、林缘草丛中；分布于浙江山区、半山区；秦岭及淮河以南各省份有分布。

【用　途】花密集美丽，适于风景区、公园、庭园林下做地被植物。根或全株入药。

【相近种】小槐花（见 150）。

果枝

花枝

尖叶长柄山蚂蝗生境

黄檀生境

树皮

古黄檀

154 黄　檀

【别　名】檀树、不知春

【学　名】*Dalbergia hupeana*

【科　名】豆科 Leguminosae

【形　态】落叶乔木，常呈灌木状。树皮条片状纵裂剥落。当年生小枝绿色，皮孔明显，无毛，二年生小枝灰褐色；无顶芽，冬芽紫褐色，顶端圆钝。一回奇数羽状复叶互生，具小叶9～11枚；小叶片常互生，长圆形或宽椭圆形，长3～5.5cm，先端圆钝，微凹，基部圆形或宽楔形，全缘，两面被平伏短柔毛。圆锥花序，花冠淡紫色或黄白色，子房无毛。荚果扁平，具种子1～3粒。花期5～6月，果期8～9月。

【分布与生境】产于慈溪丘陵区各地，生于山坡、沟谷林中、林缘、疏林中或灌丛中；分布于浙江山区、半山区；长江流域以南各省份有分布。

花枝

【用　途】春季发芽特别迟，树皮奇特，枝叶扶疏而清秀，秋叶转色，供山区生态造林，平原四旁绿化，风景区、公园、庭园观赏。材用（珍贵树种）；嫩叶可食；根、叶入药。

【附　注】慈溪有古树。

花枝

155 香港黄檀

【别　名】猛刺藤（慈溪）

【学　名】*Dalbergia millettii*

【科　名】豆科 Leguminosae

【形　态】落叶藤状攀援灌木。小枝常弯曲成钩状，主干和大枝有明显的纵向沟和棱，具粗壮枝刺。一回奇数羽状复叶互生；小叶 25 ～ 35 枚；叶轴被微毛；小叶片长圆形，长 6 ～ 16mm，宽 2.8 ～ 3.8mm，两端圆形至平截，先端有时微凹，两面无毛；小叶柄被微毛。圆锥花序腋生，花冠白色。荚果狭长圆形，长 3.5 ～ 5.5cm。花期 6 ～ 7 月，果期 8 ～ 9 月。

【分布与生境】产于慈溪丘陵区各地，生于山坡、沟谷疏林中、林缘以及石坎边（慈溪新记录）；分布于浙江东部、中部和南部各山区、半山区；赣、闽、湘、川、粤、桂等省份有分布。

【用　途】枝叶浓密，枝刺和枝钩独特，供断面、边坡覆绿，风景区、公园、庭园垂直绿化。材用（枝干可做手杖）；叶入药。

香港黄檀果枝

枝刺

156 锦鸡儿

【别　名】土黄芪、金雀花、斧头花

【学　名】*Caragana sinica*

【科　名】豆科 Leguminosae

【形　态】落叶灌木。枝直伸或开展，小枝黄褐色或灰色，具棱，无毛；叶轴先端和托叶先端均硬化成针刺。一回羽状复叶互生，小叶 4 枚，革质或硬纸质，倒卵形、倒卵状楔形或长圆状倒卵形，长 1 ～ 3.5cm，先端圆或微凹，通常具短尖头；托叶三角状披针形。花单生叶腋，花梗中部具关节，花冠黄色带红，凋谢前变红褐色。荚果线形，稍扁。花期 4 ～ 5 月，果期 5 ～ 8 月。

【分布与生境】产于慈溪丘陵区各地，生于山坡、沟谷、路旁灌丛中或疏林下；分布于浙江山区、半山区；华东、华南、西南和华北有分布。

【用　途】枝叶扶疏，花繁茂，色彩丰富，适于公园、庭园绿化观赏，制盆景或作切花。花、根可食；根皮、花入药。

锦鸡儿花枝

枝叶

157 浙江木蓝

【学　名】*Indigofera parkesii*

【科　名】豆科 Leguminosae

【形　态】落叶亚灌木。茎直立，有时基部呈匍匐状，与分枝常被白色或棕色开展多节卷毛。复叶互生，小叶（5）9 ～ 13 枚；叶柄长 1 ～ 3cm；叶轴被多节卷毛；托叶线形；小叶片坚纸质，宽卵形、卵形、椭圆形至披针形，长 1.3 ～ 3（5）cm，先端圆形或急尖，基部楔形至近心形，正面散生白色丁字毛，背面有半开展卷毛，网状细脉两面均明显；小叶柄长 1.5 ～ 2mm。总状花序，花冠淡紫色，稀白色。荚果无毛。花期 7 ～ 8 月，果期 9 ～ 10 月。

【分布与生境】产于慈溪丘陵区各地，生于海拔 400m 以下的山坡疏林、灌丛中或沟谷边（慈溪新记录）；分布于杭州、宁波、衢州、金华、台州、丽水、温州等地；皖、赣、闽等省份也有分布。

【用　途】植株低矮，花色美丽，供风景区、公园、庭园作地被观赏。花可食；根及根状茎入药。

【相近种】马棘（见 158）；华东木蓝（见 159）。

果枝

枝叶

浙江木蓝花枝

马棘花枝

158 马 棘

【别 名】野绿豆

【学 名】*Indigofera pseudotinctoria*

【科 名】豆科 Leguminosae

【形 态】落叶灌木。茎多分枝，枝细长，幼时明显具棱，被平贴丁字毛。一回奇数羽状复叶互生，长3.5～5.5cm，小叶7～11枚；叶柄长1～1.5cm，被毛；托叶小，早落；小叶片倒卵状椭圆形、倒卵形或椭圆形，长1～2cm，先端圆或微凹，具小尖头，两面被平贴毛，小叶柄长约1mm。总状花序，花冠淡红色或紫红色。荚果线状圆柱形，被毛。花期(6)7～8月，果期9～11月。

【分布与生境】产于慈溪丘陵区各地，生于山坡林缘及灌丛中；分布于湖州、杭州、宁波、金华、衢州、台州、温州等地；沪、苏、皖、赣、闽、鄂、湘、云、贵、川、粤、桂等省份有分布。

【用 途】花色美丽，供风景区、公园、庭园作地被观赏或作边坡美化。花可食；根或全株入药。

果枝

【相近种】浙江木蓝（见157）；华东木蓝（见159）。

159 华东木蓝

【学　名】*Indigofera fortunei*

【科　名】豆科 Leguminosae

【形　态】落叶小灌木。茎直立，灰褐色或灰色，分枝具棱；茎、总花梗、荚果均无毛。复叶互生；小叶 7 ～ 15 枚，对生；叶柄长 1.5 ～ 4cm；叶轴有浅槽，近无毛；托叶线状披针形，早落；小叶片宽卵形、卵形或卵状椭圆形，长 1.5 ～ 3（5.5）cm，先端圆钝或急尖，有时微凹，具小尖头，基部圆形或宽楔形，背面中脉及边缘疏生脱落性丁字毛，网状细脉明显；小叶柄长约 1mm。总状花序，花冠紫红色或粉红色。花期 4 ～ 5 月，果期 6 ～ 11 月。

【分布与生境】产于慈溪丘陵区各地，生于低海拔的山坡疏林下或灌丛中（慈溪新记录）；分布于湖州、杭州、绍兴、台州等地；苏、皖、鄂等省份有分布。

【用　途】植株低矮，枝叶紧密，花色美丽，供风景区、公园、庭园作地被观赏。根及根状茎入药。

【相近种】浙江木蓝（见 157）；马棘（见 158）。

果枝

叶背

华东木蓝花枝

160 紫　藤

【学　名】*Wisteria sinensis*

【科　名】豆科 Leguminosae

【形　态】落叶木质藤本。幼枝伏生脱落性丝状毛。一回奇数羽状复叶互生，小叶 7 ～ 13 枚；小叶片卵状披针形或卵状长圆形，长 4 ～ 11cm，先端渐尖或尾尖，基部圆形或宽楔形，幼时两面被柔毛，后仅中脉被毛；小叶柄长 2 ～ 4mm，密被短柔毛。总状花序生于去年生枝顶，长 15 ～ 30cm，下垂，花密集，花冠紫色或深紫色。荚果密被灰黄色绒毛。花期 4 ～ 5 月，果期 5 ～ 10 月。

【分布与生境】产于慈溪丘陵区各地，生于向阳山坡、沟谷林中、林缘或灌丛中，常攀援于树冠上，平原广泛栽培；分布于浙江山区、半山区；我国辽、内蒙以南均有野生或栽培。

【用　途】枝叶繁茂，庇荫效果好，花在春天开放，多而美丽，芬芳，适于风景区、公园、庭园、厂矿区垂直绿化观赏。纤维植物；花可食用；花又供化工用，种子有防腐作用；花、茎皮、根、种子入药。

【相近种】网络鸡血藤（见 161）。

紫藤生境

果枝

花枝

网络鸡血藤生境

161 网络鸡血藤

【别　名】网络崖豆藤、昆明鸡血藤

【学　名】*Callerya reticulata*

【科　名】豆科 Leguminosae

【形　态】半常绿或常绿木质藤本。枝、叶无毛。一回奇数羽状复叶互生，小叶 5～9 枚；托叶钻形，基部距突明显；小叶片革质，叶面平整，卵状椭圆形、长椭圆形或卵形，长 2.5～12cm，先端尾尖，钝头，微凹，基部圆形，深绿色，背面网状细脉隆起。圆锥花序顶生，长达 15cm，下垂，花冠紫红色或玫瑰红色。荚果无毛。花期 6～8 月，果期 10～11 月。

【分布与生境】产于慈溪丘陵区各地，生于山坡、沟谷疏林下、林缘或灌丛中；分布于浙江山区、半山区；华东、中南及西南各省份均有分布。

【用　途】枝叶浓密，花紫红而繁多，悦目而芬芳，适于风景区、公园、庭园垂直绿化。根、茎入药。

【相近种】紫藤（见 160）。

花序

果枝

162 大叶胡枝子

【学　名】*Lespedeza davidii*

【科　名】豆科 Leguminosae

【形　态】落叶灌木。小枝粗壮，具明显条棱，密被柔毛，老枝具木栓翅。复叶互生，小叶3枚；叶柄长1～3cm；托叶卵状披针形，长5mm，密被短柔毛；小叶片宽椭圆形、宽倒卵形或近圆形，长3.5～11cm，先端钝圆或微凹，基部圆形或宽楔形，两面密被短柔毛，背面尤密；小托叶缺如。总状花序腋生，或在枝顶集成圆锥花序；花梗无关节，每苞腋具花2朵；花冠紫红色。花期7～9月，果期9～11月。

托叶

花枝

【分布与生境】产于慈溪匡堰、浒山等丘陵区，生于向阳山坡疏林下，或沟谷、溪边灌草丛中（慈溪新记录）；分布于浙江东部、西部及西北部丘陵山区；苏、皖、赣、湘、川、贵、豫、粤、桂等省份有分布。

【用　途】枝叶茂密，紫红色花朵密集而艳丽，供断面、边坡、岗地、山脊绿化，风景区、公园、庭园作地被观赏。花可食；根、叶或全株入药。

【相近种】美丽胡枝子（见163）；杭子梢（见168）。

大叶胡枝子生境

花枝

美丽胡枝子果枝

163 美丽胡枝子

【别　名】马拂帚

【学　名】*Lespedeza thunbergii* ssp. *formosa*

【科　名】豆科 Leguminosae

【形　态】落叶灌木。枝略具棱，幼时被白色短柔毛。复叶互生，小叶3枚；叶柄长1～5cm，上方具沟槽，被短绒毛；托叶披针形或线状披针形，长4～6mm；顶生小叶片厚纸质或薄革质，卵形、倒卵形或近圆形，稀椭圆形，长1.5～6cm，先端圆钝，微凹缺，稀钝尖，具小尖头，正面无毛或疏被短绒毛，背面贴生短柔毛。总状花序腋生，或圆锥花序顶生；花梗无关节，每苞腋具花2朵；花冠紫红色。花期8～10月，果期10～11月。

【分布与生境】产于慈溪丘陵区各地，生于向阳山坡、沟谷、路边灌丛中或林缘；分布于浙江山区、半山区；沪、苏、皖、赣、闽、湘、粤、桂等省份有分布。

【用　途】花冠紫红色，密集而艳丽，供断面、边坡覆绿，岗地、山脊造林，风景区、公园、庭园作地被观赏。花可食；花、根皮、茎叶入药。

【相近种】大叶胡枝子（见162）；杭子梢（见168）。

生境

枝叶

绒毛胡枝子果枝

164 绒毛胡枝子

【别　名】山豆花

【学　名】*Lespedeza tomentosa*

【科　名】豆科 Leguminosae

【形　态】落叶灌木或亚灌木。全体被黄色或黄褐色绒毛。复叶互生，小叶 3 枚；叶柄长 0.5 ～ 2cm；托叶钻形或线状披针形；顶生小叶片狭长圆形、长圆形或卵状长圆形，长 1.5 ～ 6cm，先端钝圆，有时微凹，有小尖头，叶缘稍向下反卷，正面中脉凹陷。总状花序在茎上部腋生，或在枝顶成圆锥花序，显著长于复叶；花梗无关节，每苞腋具花 2 朵，花冠白色或淡黄色。花期 7 ～ 8 月，果期 9 ～ 10 月。

【分布与生境】产于慈溪龙山等丘陵区，生于向阳山坡、路旁灌丛中或林缘；分布于浙江山区、半山区；广布全国（疆、藏除外）。

【用　途】花繁多，供断面、边坡覆绿，岗地、山脊造林，风景区、公园、庭园作地被观赏。纤维植物；种子供化工用；根、叶入药。

细梗胡枝子果枝

165 细梗胡枝子

【学　名】*Lespedeza virgata*

【科　名】豆科 Leguminosae

【形　态】落叶灌木。小枝纤细，被白色伏贴柔毛或近无毛。复叶互生，小叶 3 枚；叶柄长 0.5 ～ 1.5cm；托叶钻形，长约 5mm；顶生小叶片长圆形、卵状长圆形或倒卵形，长 0.4 ～ 2cm，先端钝圆，有时微凹，有小尖头，基部圆形，背面被白色伏毛，叶缘稍反卷；小叶柄极短，被伏贴柔毛。总状花序显著长于复叶，具花（2）4 ～ 6（8）朵，总花梗纤细如发丝；花冠白色或黄白色。花期 7 ～ 8 月，果期 9 ～ 10 月。

【分布与生境】产于慈溪龙山等丘陵区，生于海拔 150m 以上向阳山坡林缘或路旁灌丛中；分布于浙江山区、半山区；华东、华中及川、贵、冀、晋、陕、辽等省份有分布。

【用　途】小枝纤细，花白色，供断面、边坡覆绿，风景区、公园、庭园作林缘地被观赏。全株入药。

【相近种】截叶铁扫帚（见 166）、中华胡枝子（见 167）。

生境

166 截叶铁扫帚

【别　名】铁扫帚

【学　名】*Lespedeza cuneata*

【科　名】豆科 Leguminosae

【形　态】落叶亚灌木。枝具条棱，有短绒毛。复叶互生，小叶 3 枚；叶柄长 4 ～ 10mm，被白色柔毛；托叶线形；小叶片线状楔形、楔形，先端截形或圆钝，微凹，具小尖头，基部楔形，正面几无毛，背面密被伏毛；顶生小叶片长 1 ～ 3cm，宽 2 ～ 5mm。总状花序腋生，显著短于复叶，有花（1）2 ～ 4 朵，花冠白色或淡黄色，花瓣局部带紫色。花期 6 ～ 9 月，果期 10 ～ 11 月。

【分布与生境】产于慈溪丘陵区各地，生于山坡、路边、疏林下和灌草丛中；分布于浙江山区、半山区；华东、中南、西南、华北及西北地区有分布。

【用　途】叶细枝密，花色清雅，供断面、边坡覆绿，岗地、山脊造林。嫩叶作饲料或绿肥；根或全株入药。

【相近种】细梗胡枝子（见 165）；中华胡枝子（见 167）。

花枝

截叶铁扫帚生境

中华胡枝子生境

167 中华胡枝子

【别　名】细叶马料梢

【学　名】*Lespedeza chinensis*

【科　名】豆科 Leguminosae

【形　态】落叶亚灌木。枝直立或披散，小枝节间较长，被白色短绒毛。复叶互生，小叶 3 枚；叶柄长 0.3 ～ 2.5cm；叶片两面、叶柄、叶轴、小叶柄均密被柔毛；托叶钻形；小叶片椭圆形或倒卵状长圆形，长 1 ～ 3.5cm，宽 0.3 ～ 1.2cm，先端圆钝、截形或微凹，具小尖头。总状花序腋生，短于复叶，花少数，花冠白色或淡黄色。花期 8 ～ 9 月，果期 10 ～ 11 月。

【分布与生境】产于慈溪匡堰等丘陵区，生于山坡、路旁草丛中或疏林下；分布于浙江山区、半山区；沪、苏、皖、赣、闽、台、鄂、湘、粤、川等省份有分布。

【用　途】花色清雅，供断面、边坡覆绿，岗地、山脊造林。根或全株入药。

【相近种】细梗胡枝子（见 165）；截叶铁扫帚（见 166）。

果枝

花序与幼果

托叶

叶背

168 杭子梢

【别　名】宜昌杭子梢

【学　名】*Campylotropis macrocarpa*

【科　名】豆科 Leguminosae

【形　态】落叶灌木。幼枝密被白色或淡黄色短柔毛，具纵棱。复叶互生，小叶 3 枚；托叶钻形，小托叶缺如；小叶片长圆形或椭圆形，先端微凹或钝圆，具短尖头，基部圆形，正面近无毛，背面有淡黄色短柔毛，细脉明显；顶生小叶片长 3 ～ 6.5cm。总状花序或圆锥花序；花梗具关节，花自关节处脱落，苞片及小苞片脱落，每苞腋具花 1 朵；花冠红紫色、粉红色。花期 6 ～ 8（10）月，果期 9 ～ 11 月。

【分布与生境】产于慈溪丘陵区各地，生于山坡、山岗、沟谷疏林下、林缘、灌草丛中及陡峭石壁处；分布于浙江山区、半山区；华东、华中、西南及粤、晋、冀、甘、辽等省份有分布。

【用　途】枝叶茂密，花密集艳丽，供断面、边坡覆绿，山脊、岗地造林，风景区、公园、庭园作地被观赏。嫩叶可食，又作饲料或绿肥；根或全株入药。

【相近种】大叶胡枝子（见 162）；美丽胡枝子（见 163）。

杭子梢生境

169 常春油麻藤

【学　名】*Mucuna sempervirens*

【科　名】豆科 Leguminosae

【形　态】常绿木质藤本。老茎粗可至30cm，皮暗褐色，茎枝有明显纵沟；枝、叶无毛或仅叶背幼时疏被平伏毛。三出复叶互生；叶柄长5.5～12cm；小叶片革质，全缘，顶生小叶卵状椭圆形或椭圆状长圆形，长7～13cm，先端渐尖或短渐尖，基部圆楔形，侧生小叶基部偏斜，正面深绿色，有光泽。总状花序生于老茎上；花冠紫红色或暗红色，长约6.5cm。荚果木质，长达60cm，种子间缢缩，被黄锈色毛。花期4～5月，果期9～10月。

【分布与生境】产于慈溪丘陵区各地，生于稍蔽荫的山坡、沟谷溪边及林下岩石旁；分布于浙江山区、半山区；沪、赣、闽、鄂、川、云、贵等省份有分布。

【用　途】枝繁叶茂，四季翠绿，老茎生花，花大而美丽，适于风景区、公园、庭园垂直绿化观赏。纤维植物；块根提取淀粉；根、茎皮、种子入药。

常春油麻藤结果状

复叶

花序

野葛果枝

170 野　葛

复叶

花序

【别　名】葛藤

【学　名】*Pueraria montana* var. *lobata*

【科　名】豆科 Leguminosae

【形　态】落叶藤本。块根肥厚，圆柱形。茎基部粗壮，木质化；茎密被棕褐色粗毛，茎节着地生根。三出复叶互生；叶柄长 5.5～14（22）cm；托叶卵形至披针形，盾状着生；小叶片纸质，全缘，有时浅裂，正面疏被伏贴毛，背面毛较密并有霜粉；顶生小叶片菱状卵形，基部圆形，侧生小叶片较小，斜卵形；小托叶针状。总状花序腋生，长 15～20cm，花冠紫红色。荚果线形，密被黄色长硬毛。花期 7～9 月，果期 9～10 月。

【分布与生境】产于慈溪丘陵区各地，平原和沿海偶见，生于山坡荒草地、沟边、路边、疏林下或乱石中，常攀援于树冠或岩石上；分布于浙江各地；全国除疆、藏外均有分布。

【用　途】花色美丽，秋叶转色，可供断面、边坡、乱石堆覆绿。嫩茎叶、花、块根淀粉供食用，叶可作饲料；根、花入药；纤维植物。

171 臭辣树

【学　名】*Tetradium glabrifolium*

【科　名】芸香科 Rutaceae

【形　态】落叶乔木。全体含挥发性油。枝暗紫褐色。复叶对生；小叶 7 枚，稀 5 或 11 枚；叶轴、叶柄被脱落性毛；小叶片椭圆状披针形、卵状长圆形至披针形，长 6 ～ 11cm，先端长渐尖，基部常偏斜，边缘有不明显钝锯齿，背面沿中脉两侧常有疏长柔毛，或在脉腋有簇毛；油点细小而稀疏，除叶缘外肉眼几不可见；叶背常带紫色，秋叶暗紫红色。雌雄异株；聚伞状圆锥花序顶生。蓇葖果紫红色或淡红色。花期 6 ～ 8 月，果期 9 ～ 10 月。

【分布与生境】产于慈溪丘陵区各地，生于海拔 420m 以下的沟谷溪边、山岗、山坡的疏林、林缘、灌草丛中及旷野（慈溪新记录）；分布于湖州、杭州、绍兴、宁波、舟山、金华、衢州、台州、丽水、温州等地；秦岭以南省份有分布。

【用　途】树干端直，叶背常带紫色，秋叶暗紫红色，果序大而带红色，供山区生态造林，风景区、公园、庭园绿化观赏。果入药；材用。

【相近种】吴茱萸（见 172）。

叶背

果枝

树皮

臭辣树花枝（蕾期）

枝叶

吴茱萸果枝

172 吴茱萸

【学　名】*Tetradium ruticarpum*

【科　名】芸香科 Rutaceae

节部

【形　态】落叶灌木或小乔木。全体含挥发性油。小枝紫褐色。幼枝、叶轴、总花梗均被锈色长柔毛；裸芽密被紫褐色长茸毛。一回奇数羽状复叶对生，小叶5～9枚（小树及萌枝之叶可至21枚）；小叶片椭圆形至卵形，长6～15cm，全缘或有不明显钝锯齿，正面疏被毛，背面密被短柔毛，油点粗大。雌雄异株；聚伞状圆锥花序顶生，花瓣白色。蓇葖果紫红色。花期6～8月，果期9～10月。

【分布与生境】产于慈溪丘陵区各地，生于各海拔段的疏林中和林缘（慈溪新记录）；分布于湖州、杭州、绍兴、宁波、金华、台州、丽水、温州等地；长江流域以南省份有分布。

【用　途】秋叶转色，花繁叶茂，果序美观，供山区生态造林，风景区、公园、庭园绿化观赏。果入药；叶供化工用；种子可榨油。

【相近种】臭辣树（见171）。

竹叶椒枝叶

173 竹叶椒

【学　名】*Zanthoxylum armatum*

【科　名】芸香科 Rutaceae

【形　态】常绿灌木。小枝无毛。复叶互生；小叶 3 ～ 5（9）枚，叶轴与叶柄具宽翅，叶柄基部有 1 对托叶刺，叶柄、叶轴及叶片中脉散生劲直皮刺；小叶片薄革质，叶形变异大，多披针形，也有卵形、椭圆形或线状披针形，长 3 ～ 12cm，先端急尖至渐尖，基部楔形至宽楔形，边缘具细小圆齿，齿缝有 1 粗大油点，背面基部中脉两侧常丛生柔毛；小叶近无柄。聚伞状圆锥花序。蓇葖果红色。花期 3 ～ 5 月，果期 8 ～ 10 月。

果枝

【分布与生境】产于慈溪龙山和掌起等丘陵区，生于低海拔的疏林下、林缘或灌丛中（慈溪新记录）；分布于杭州、温州、丽水、台州等地；秦岭以南除琼以外的各省份均有分布。

生境

【用　途】枝叶扶疏，叶色浓绿，秋冬红果累累，适于公园、庭园地被配置，或点缀石景。嫩叶可食，果实代作调料；果实、枝叶供化工用；果实、枝、叶入药。

枝叶

174 野花椒

【学　名】*Zanthoxylum simulans*

【科　名】芸香科 Rutaceae

【形　态】落叶灌木。枝通常有皮刺和白色皮孔。全体含挥发性油。复叶互生；小叶 3 ～ 9（11）枚，对生；叶轴有狭翅和长短不等的皮刺；小叶片厚纸质，宽卵形、卵状长圆形或菱状宽卵形，长 2.5 ～ 6cm，先端急尖或圆钝，有时微凹，基部楔形至近圆形，边缘具细钝锯齿，两面均有半透明油点，背面沿中脉被甚短的柔毛和散生刚毛状小针刺；小叶近无柄。雌雄异株；聚伞状圆锥花序顶生。果红色至紫红色。花期 3 ～ 5 月，果期 6 ～ 8 月。

【分布与生境】产于慈溪观海卫等丘陵区，生于山坡、山谷灌丛中或疏林内；分布于湖州、杭州、舟山、衢州、金华、丽水等地；黄河以南省份有分布。

【用　途】秋叶转色，供山区生态造林，风景区绿化，公园、庭园观赏。叶及果供食用（食品调味料）；果、叶、根供化工用，又入药。

野花椒果枝

皮刺

鼓钉状皮刺

椿叶花椒花枝

小枝髓部

叶背

175 椿叶花椒

【别　名】鼓钉树（慈溪）、刺桐棍（慈溪）、老虎卵子树（慈溪）

【学　名】*Zanthoxylum ailanthoides*

【科　名】芸香科 Rutaceae

【形　态】落叶乔木。全体含挥发性油。树干具鼓钉状大皮刺；幼枝髓部常中空或薄片状。复叶互生，长 25 ～ 60cm 或更长；小叶 9 ～ 27 枚，对生；小叶片纸质，狭长圆形至椭圆状长圆形，长 7 ～ 13cm，先端长渐尖或短尾尖，基部圆形，稍偏斜，叶缘具浅钝锯齿，两面散生油点，背面具灰白色粉霜。幼树茎、叶柄和叶轴均密生水平直出、基部扁平增宽的皮刺，小叶背面中脉疏生弯刺。花序顶生。蓇葖果红色。花期 7 ～ 8 月，果期 10 ～ 11 月。

【分布与生境】产于慈溪丘陵区各地，生于海拔 400m 以下的沟谷、山坡林中、林缘或灌丛中（慈溪新记录）；分布于湖州、杭州、宁波、舟山、金华、衢州、台州、丽水、温州等地；沪、闽、台、赣、湘、川、云、粤、桂等省份有分布。

【用　途】树干布满大皮刺，树冠顶部平，花序体量大，秋叶黄色，供山区生态造林，风景区、厂矿区和轻盐碱土绿化，公园、庭园观赏。嫩叶可食，果实作调味料；种子供化工用；树皮、果实入药，茎、叶、根又作兽药。

176 青花椒

【别　名】崖椒

【学　名】*Zanthoxylum schinifolium*

【科　名】芸香科 Rutaceae

【形　态】落叶灌木。全体含挥发性油。枝有短小皮刺，无毛。一回奇数羽状复叶互生；小叶 11 ～ 21（29）枚，对生或互生；叶轴具狭翅，有稀疏向上弯曲小皮刺；小叶片纸质，披针形、椭圆状披针形、卵形、菱状卵形或椭圆形，长 1.5 ～ 4.5cm，宽 7 ～ 15mm，先端急尖或钝，基部楔形至宽楔形，微偏斜，叶缘具细锯齿，齿缝有油点，两面疏生油点。伞房状圆锥花序顶生。蓇葖果紫红色。花期 8 ～ 9 月，果期 10 ～ 11 月。

【分布与生境】产于慈溪丘陵区各地，生于海拔 50m 以上的沟谷、山坡林中或林缘（慈溪新记录）；分布于湖州、杭州、宁波、舟山、台州、丽水、金华、温州等地；辽以南大部分省份有分布。

【用　途】枝叶细密，秋叶转色，供风景区、公园、庭园观赏。嫩叶可食，果作调料；果或种子供化工用；根、叶、果入药。

青花椒生境

成熟果枝

枝上皮刺

177 枸　橘

果枝

棘刺

【别　名】枳

【学　名】*Poncirus trifoliata*

【科　名】芸香科 Rutaceae

【形　态】落叶小乔木或灌木。全株无毛；分枝多；枝绿色，有棱角，密生粗壮棘刺，刺长 1 ～ 7cm。羽状三出复叶互生；叶柄长 1 ～ 3cm，有翅；小叶片具半透明油点，近革质，卵形、椭圆形或倒卵形，长 1.5 ～ 5cm，先端圆钝，微凹头，基部楔形，边缘有钝齿或近全缘。花先叶开放，芳香，花瓣黄白色或带淡紫色。柑果橙黄色，球形，具茸毛，有香气。花期 4 ～ 5 月，果期 9 ～ 10 月。

【分布与生境】慈溪各地有栽培；分布于浙江安吉，全省常见栽培；原产我国中部，现全国均有栽培。

【用　途】棘刺奇特，叶形美观，黄色柑果宿存枝头，经久不落，可供公园、庭园、厂矿区作刺篱，以及盐碱土绿化。叶、未成熟果实入药；为柑橘类的重要砧木。

枸橘枝叶

单身复叶

花枝

棘刺

柚果枝

178 柚

【别　名】泡头树（慈溪）、香泡树、抛

【学　名】*Citrus maxima*

【科　名】芸香科 Rutaceae

【形　态】常绿乔木。棘刺长，稀无刺。小枝扁，绿色，被短柔毛。单身复叶，互生；叶片宽卵形至椭圆形，长 7 ～ 20cm，先端急尖，微凹，嫩枝之叶先端钝头，基部宽楔形或近圆形，边缘具细钝锯齿，背面至少中脉被柔毛；叶柄具倒心形宽翅，翅长 2 ～ 4cm，宽 0.5 ～ 3cm。花单生或簇生，花瓣白色。果实特大，淡黄色，直径 12 ～ 30cm，皮厚，香味极浓。花期 4 ～ 5 月，果期 9 ～ 10 月。

【分布与生境】慈溪各地有栽培；浙江各地零星栽培或逸生；秦岭以南均有栽培。

【用　途】枝叶浓密，四季常青，白花芳香，黄色大果常挂枝头，为优良的常绿香花观果树种，栽于亭、堂、院落之隅，草坪之边，水体之滨，也供盆栽或盐碱土绿化。果供食用，果皮可制蜜饯；花、叶、果皮和种子供化工用；根、叶、花、种子、果皮入药；材用。

179 苦　木

【别　名】黄楝树

【学　名】*Picrasma quassioides*

【科　名】苦木科 Simaroubaceae

【形　态】落叶小乔木。树皮和叶味极苦。一二年生小枝有红棕色短柔毛，密布小皮孔；裸芽被红棕色短柔毛。一回奇数羽状复叶互生，常集生枝顶，长 20 ～ 30cm；小叶 9 ～ 15 枚，对生；叶轴、叶柄有棕色短柔毛；小叶片卵形至椭圆状卵形，长 4 ～ 10cm，先端渐尖，基部宽楔形或近圆形，歪斜，边缘具不整齐的疏钝锯齿，中脉两面隆起；侧脉 6 ～ 10 对。雌雄异株；聚伞花序组成圆锥花序顶生。核果蓝或红色。花期 4 ～ 5 月，果期 6 ～ 9 月。

皮孔

枝叶

【分布与生境】产于慈溪丘陵区各地，生于海拔 100m 以上的山谷、溪边、山坡林中；分布于浙江山地和丘陵；黄河流域以南省份有分布。

【用　途】枝叶扶疏，秋色叶树种，供山区生态林营造，风景区、公园、庭园绿化观赏。材用；嫩叶可食；根、茎干、叶入药，又作土农药。

苦木果枝

臭椿花枝

180 臭　椿

果枝

树皮

锯齿与腺体

【别　名】樗（樗音 chū）

【学　名】*Ailanthus altissima*

【科　名】苦木科 Simaroubaceae

【形　态】落叶乔木。树皮灰白或暗灰色，仅有浅裂纹；嫩枝粗壮，赤褐色，被疏柔毛，海绵质髓心大；腋芽具芽鳞，被褐色柔毛。一回奇数羽状复叶互生，长 30 ～ 90cm；小叶 13 ～ 25 枚，对生，揉之有臭味；小叶片卵状披针形，先端渐尖，基部偏斜，具 1 ～ 2 对大锯齿，齿端下面有 1 大腺体；叶两面、叶轴和小叶柄具短柔毛，叶背毛较密。大型圆锥花序顶生，花瓣白色带绿。翅果成熟时黄褐色。花期 5 ～ 7 月，果期 8 ～ 10 月。

【分布与生境】产于慈溪丘陵区各地，平原及沿海亦见，生于海拔 300m 以下的山坡、沟谷林中、林缘、灌丛中及平原四旁；分布于浙江各地；辽以南，粤以北，甘以东省份有分布。

【用　途】树体高大，树冠浓密，秋叶变色，供山区生态林营造，风景区、厂矿区、盐碱土、平原四旁绿化，公园、庭园观赏。材用；嫩叶可食，叶又饲养樗蚕；树皮、种子供化工用；树皮、根皮、果实入药。

楝树花枝

181 楝　树

【别　名】苦楝

【学　名】*Melia azedarach*

【科　名】楝科 Meliaceae

【形　态】落叶乔木。树皮灰褐色，纵裂。小枝粗壮，有叶痕，具灰白色皮孔；芽鳞密被褐色柔毛。二至三回羽状复叶互生，长 20 ～ 40cm；小叶片卵形、椭圆状卵形或卵状披针形，长 2 ～ 8cm，先端渐尖至长渐尖，基部楔形至圆形，边缘具粗钝锯齿，正面深绿色，有光泽，背面淡绿色，幼时具脱落性褐色星状粉状毛。圆锥花序腋生，芳香，花瓣紫色，花丝深紫色。核果近球形或卵形，长 1 ～ 2cm，熟时淡黄色。花期（4）5 ～ 6 月，果期 11 月。

皮孔与叶痕

树皮

【分布与生境】产于慈溪各地，生于丘陵、平原至沿海；分布于浙江全省，常见栽培；冀以南各省份有分布。

【用　途】树冠宽大，花繁色美，黄果冬季宿存枝头，秋叶变色，适于作庭荫树、行道树，亦供厂矿区、平原四旁、盐碱土和公园绿化。材用；果供酿酒；种子、花、树皮、叶供化工用；根皮、树皮、叶和果实入药，又用作土农药。

【相近种】川楝（见 182）。

果枝

182 川　楝

顶芽

果穗与复叶

【学　名】*Melia toosendan*

【科　名】楝科 Meliaceae

【形　态】落叶乔木。树皮灰褐色，有纵沟。二回羽状复叶互生，长约35cm；小叶片膜质，卵形、狭卵形或椭圆状披针形，长4～10cm，先端渐尖，基部近圆形，稍偏斜，全缘或部分具不明显疏锯齿。圆锥花序腋生，花瓣浅蓝色，花丝紫色。果椭圆形或近球形，长约3cm，成熟时蜡黄色或棕褐色。花期4～5月，果期10～11月。

【分布与生境】慈溪掌起等地有栽培，见于湿润肥沃之处；浙江杭州、温州及诸暨、龙游、临海等地有栽培；中南、西南及陕、甘等省份有分布。

【用　途】冠大荫浓，花繁色美，黄果挂满枝头，秋叶转色，适于作庭荫树、行道树，供厂矿区、平原四旁和公园绿化。果、树皮、根皮、叶入药；材用；叶、花、果、树皮作土农药；果肉可制浆糊。

【相近种】楝树（见181）。

川楝果枝

183 毛红椿

【学　名】 *Toona ciliata* var. *pubescens*

【科　名】 楝科 Meliaceae

【形　态】 落叶乔木。小枝具稀疏皮孔；小枝、叶柄、叶轴、叶背均密被棕色柔毛或短柔毛。一回偶数或奇数羽状复叶互生，长约 40cm；小叶互生或近对生，8 ～ 16 枚；小叶片卵状椭圆形、椭圆形或长圆形，长 6 ～ 14cm，先端急尖或渐尖，基部圆形，偏斜，全缘，中脉正面微凹，背面隆起，侧脉 9 ～ 14 对；小叶柄长 5 ～ 9mm。圆锥花序顶生，有芳香，花瓣白色或粉白色。蒴果长椭圆形，深褐色，有淡褐色小皮孔。花期 4 ～ 5 月，果期 10 ～ 11 月。

【分布与生境】 产于慈溪观海卫（五磊山），生于海拔 100 ～ 250m 的沟谷阔叶林内或林缘（宁波新记录）；分布于浙江普陀、开化、遂昌、龙泉、平阳、仙居、临海等县市区；赣、闽、川、云、贵、皖、湘、粤等省份有分布。

【用　途】 花色清雅，秋叶变色，供风景区、公园、庭园绿化观赏。材用；嫩叶可食；树皮供化工用。

【相近种】 香椿（见 184）。

【附　注】 国家Ⅱ级重点保护野生植物。

复叶

生境

毛红椿果枝

184 香　椿

【学　名】*Toona sinensis*

【科　名】楝科 Meliaceae

【形　态】落叶乔木。树皮浅纵裂，老时薄片状脱落；小枝暗黄褐色，幼时被柔毛。偶数羽状复叶互生，长 25 ～ 50（80）cm；小叶 10 ～ 22（28）枚；叶柄红色；小叶片纸质，揉碎有特殊香气，卵状披针形至卵状长椭圆形，长 9 ～ 15（20）cm，先端尾尖，基部稍偏斜，全缘或有疏锯齿，两面无毛或仅背面脉腋有簇毛，侧脉约 18 对；小叶柄长 5mm。圆锥花序顶生，花瓣白色。蒴果狭椭圆形，有苍白色小皮孔。花期 5 ～ 6 月，果期 8 ～ 10 月。

【分布与生境】慈溪各地有栽培，多栽于山脚或“四旁”，方家河头较集中；分布于浙江各地；我国自辽至琼，西抵川、甘均有分布和栽培。

【用　途】树干通直，秋叶转色，供经济栽培，山区生态林营造，轻盐碱地、水湿地绿化，风景区、公园、庭园观赏。幼芽、嫩叶食用；材用（珍贵树种）；树皮、果入药；木屑、根供化工用。

【相近种】毛红椿（见 183）。

嫩芽叶

叶背

香椿植株

一叶萩果枝

185 一叶萩

【别　名】叶底珠

【学　名】*Flueggea suffruticosa*

【科　名】大戟科 Euphorbiaceae

【形　态】落叶灌木。全株无毛；小枝浅绿色，具棱。单叶互生，在小枝上排成 2 列；叶片椭圆形或倒卵状椭圆形，长 3 ～ 6cm，先端钝圆或急尖，基部楔形，全缘，正面绿色，背面粉绿色；叶柄长 3 ～ 7mm。雌雄异株；无花瓣，雄花有退化子房。蒴果三棱状扁球形，成熟时黄绿色。花期 6 ～ 7 月，果期 8 ～ 10 月。

【分布与生境】产于慈溪龙山等丘陵区，生于沟谷、山麓灌丛中（慈溪新记录）；分布于杭州、衢州等地；苏、鄂、川、贵、豫、冀、晋、陕、宁、甘等省份有分布。

【用　途】枝叶扶疏，姿态优美，供山区生态林营造，公园和庭园观赏。嫩枝叶及根入药。

花枝

叶背

186 算盘子

【别　名】馒头果

【学　名】*Glochidion puberum*

【科　名】大戟科 Euphorbiaceae

【形　态】落叶灌木，有时乔木状。小枝被锈色或黄褐色短柔毛。单叶互生，排成 2 列；叶片长圆形或长圆状披针形，长 3 ～ 8cm，先端短尖或钝，基部宽楔形，全缘，正面散生短柔毛或近无毛，背面毛较密；叶柄长 1 ～ 3mm；托叶披针形。花数朵簇生于叶腋。蒴果扁球形，直径 1 ～ 1.5cm，其形状和大小酷似普通算盘上的珠子，熟时带红色，种子红色。花期 5 ～ 6 月，果期 6 ～ 10 月。

【分布与生境】产于慈溪丘陵区各地，生于各海拔段的山坡、沟谷林下、林缘、路边及灌草丛中；分布于浙江山区，半山区；我国长江流域及华南、西南省份有分布。

【用　途】果皮和种子均为红色，秋叶转红色，供边坡、断面覆绿。材用；种子供化工用；茎、叶、根、果入药；全株水煮可作土农药杀虫。

花与果

算盘子果枝

油桐果枝

187 油　桐

【别　名】桐子树（慈溪）、桐油树（慈溪）、三年桐

【学　名】*Vernicia fordii*

【科　名】大戟科 Euphorbiaceae

【形　态】落叶小乔木。含乳汁；单叶互生；叶片大，卵形或宽卵形，长 10 ～ 20cm，先端尖或渐尖，基部截形或心形，全缘，有时 3 浅裂，两面被脱落性黄褐色短柔毛；叶柄长达 12cm，顶端有 2 枚紫红色扁平腺体。圆锥状聚伞花序，花瓣白色，有淡红色条纹，近基部具黄色斑点。核果球形，表面光滑，顶端具喙突。花期 4 ～ 5 月，果期 7 ～ 10 月。

花枝

【分布与生境】栽于慈溪丘陵区各地，常逸生于山坡、沟谷的林中、林缘；浙江各地广泛栽培；长江流域有分布。

【用　途】叶形大，花色美丽，秋叶转色，供经济栽培，山区生态林营造，风景区、公园和庭园观赏。种子供化工用，是重要的木本油料树种（桐油）；根、茎、叶、花、果入药。

棘刺状侧枝

188 石岩枫

【别　名】狗牙藤（慈溪）、杠香藤、卵叶石岩枫

【学　名】*Mallotus repandus* var. *scabrifolius*

【科　名】大戟科 Euphorbiaceae

【形　态】落叶藤本，可呈灌木或小乔木状。侧枝常呈棘刺状。幼枝、花序密被星状毛或绒毛。单叶互生；叶片长卵形或菱状卵形，长 5 ～ 10cm，先端渐尖，基部近圆形、平截或微心形，全缘或波状，无毛或疏被星状毛，背面散生黄色腺点，基脉 3 出；叶柄长 2 ～ 3cm。花单性异株；雌花为顶生或腋生的总状花序，长 5 ～ 10cm，粗壮，常不分枝，雄花为圆锥花序。蒴果无刺。花期 5 ～ 6 月，果期 6 ～ 9 月。

【分布与生境】产于慈溪丘陵区各地，生于沟谷溪边、林缘乱石中，或陡坡、岗地石隙灌丛中，常攀援于树冠或覆盖于岩石上；分布于浙江山区，半山区；秦岭以南省份有分布。

【用　途】叶形雅致，供断面、边坡、乱石堆覆绿。纤维植物；树皮、种子供化工用；根、茎叶入药。

果枝

石岩枫花枝丛

189 白背叶

【别　名】白背叶野桐

【学　名】*Mallotus apelta*

【科　名】大戟科 Euphorbiaceae

【形　态】落叶灌木或小乔木。小枝、叶柄、花序均密被白色或淡黄色星柔毛，并散生橙红色腺体。单叶互生；叶片宽卵形，不分裂或3浅裂，长5～10cm，先端渐尖，基部圆形或宽楔形，边缘有稀疏锯齿，背面灰白色，密被星状毛，叶脉3出，基部有2腺体；叶柄长5～15cm；托叶线形。穗状花序顶生，长8～14cm。蒴果近球形，密生软刺及星状毛。花期5～6月，果期8～10月。

【分布与生境】产于慈溪匡堰、横河等丘陵区，生于山坡林中或灌丛中；分布于浙江山区，半山区；长江流域以南省份有分布。

【用　途】叶大而素雅，秋叶转色，供山区生态林营造，风景区绿化，公园、庭园栽培观赏。材用；种子供化工用；根、叶入药。

【相近种】野梧桐（见190）；野桐（见191）。

白背叶花枝

果枝

野梧桐果枝

花枝

190 野梧桐

【别　名】日本野桐

【学　名】*Mallotus japonicus*

【科　名】大戟科 Euphorbiaceae

【形　态】落叶灌木或小乔木。嫩枝、叶柄和花序均密被褐色星状毛或绒毛。单叶互生；叶片厚纸质，宽卵形或菱状卵形，长 8 ～ 15cm，先端渐尖，基部圆形至宽楔形，全缘或微 3 裂，仅叶背脉上散生褐色星状毛，背面具红色腺点，基出 3 脉，基部有 2 腺体；叶柄长 3 ～ 8cm。总状花序顶生，通常有分枝而呈圆锥状。蒴果密被软刺及紫红色腺点，疏被星状毛。花期 6 ～ 7 月，果期 8 ～ 10 月。

幼果枝

【分布与生境】产于慈溪丘陵区各地，生于海拔 440m 以下的山坡、山岗、沟谷林中、林缘或灌丛中（慈溪新记录）；分布于浙江沿海县市；沪、苏、闽、台等省份也有分布。

【用　途】嫩叶猩红色，秋叶黄色，供山区生态林营造，断面、边坡、岗地、山脊绿化，风景区、公园和庭园栽培观赏。纤维植物；种子供化工用；根、叶、花入药，或全株入药。

【相近种】白背叶（见 189）；野桐（见 191）。

野桐果枝

191 野　桐

嫩叶

【别　名】狗尾巴树

【学　名】*Mallotus tenuifolius*

【科　名】大戟科 Euphorbiaceae

【形　态】与野梧桐相近，区别在于：其总状花序不分枝；叶片宽卵形或圆形，基部宽楔形至近心形，背面被灰白色或褐色星状毛及黄色腺点。

【分布与生境】产于慈溪丘陵区各地，生于山坡林中、灌丛中和路边；分布于湖州、杭州、金华、台州、丽水、温州等地；苏、皖、闽、鄂、湘、川、贵、藏、陕、粤、桂等省份有分布。

【用　途】嫩叶猩红，秋叶转色，供山区生态林营造，断面、边坡、岗地、山脊绿化，风景区、公园和庭园栽培观赏。纤维植物；种子供化工用；根、皮入药。

【相近种】白背叶（见 189）；野梧桐（见 190）。

192 乌 桕

【别 名】柏子树（慈溪）

【学 名】*Sapium sebiferum*

【科 名】大戟科 Euphorbiaceae

种子与叶

【形 态】落叶乔木。有乳汁。树皮暗灰色，有深纵裂纹。单叶互生；叶片纸质，菱形或菱状卵形，长与宽近相等，长 3 ～ 7cm，先端渐尖或短尾尖，基部楔形或宽楔形，全缘，无毛；叶柄长 2.5 ～ 6cm。总状花序顶生，蒴果木质，梨状球形。种子外被白色蜡质假种皮。花期 5 ～ 6 月，果期 8 ～ 10 月。

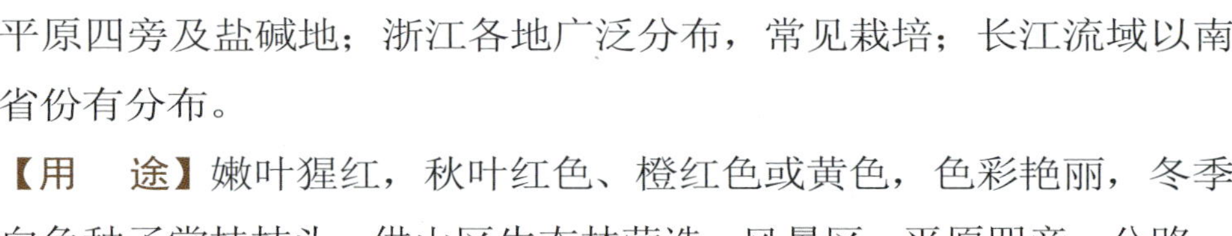

【分布与生境】产于慈溪各地，生于山坡、沟谷林中、林缘、湿地、平原四旁及盐碱地；浙江各地广泛分布，常见栽培；长江流域以南省份有分布。

【用 途】嫩叶猩红，秋叶红色、橙红色或黄色，色彩艳丽，冬季白色种子常挂枝头，供山区生态林营造，风景区、平原四旁、公路、湿地、盐碱地绿化，公园和庭园观赏。种子供化工用，制蜡、制皂、制巧克力或榨油，叶也做黑色染料；材用；叶可饲柏蚕；根皮、树皮、叶、种子入药。

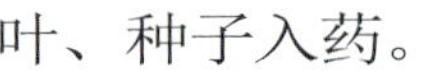

嫩枝叶

果枝

乌桕花枝

南酸枣果枝

果实

树皮

193 南酸枣

【学　名】*Choerospondias axillaris*

【科　名】漆树科 Anacardiaceae

【形　态】落叶乔木。树皮灰褐色，片状剥落。小枝带紫褐色，皮孔凸起。一回奇数羽状复叶互生，常集生枝顶，长 25 ～ 40cm，小叶 7 ～ 13 枚（萌枝之叶可至 23 枚）；小叶片卵形或卵状披针形，长 5 ～ 14cm，先端长渐尖，基部偏斜，全缘或幼株叶缘有锯齿，无毛或背面叶脉有簇毛，侧脉 8 ～ 10 对；小叶柄长 5 ～ 10mm。雌花单生于上部叶腋。核果椭圆形或倒卵状椭圆形，淡黄色至黄色，果核顶端具 5 个萌发孔。花期 4 ～ 5 月，果期 10 月。

【分布与生境】产于慈溪丘陵区各地，生于海拔 400m 以下的山坡、沟谷阔叶林中、林缘或宅旁；分布于杭州、宁波、衢州、台州、丽水、温州等地；赣、闽、湘、鄂、云、贵、藏、粤、桂等省份有分布。

枝叶与幼果

【用　途】树体高大，冠大荫浓，秋叶转色，适于山区生态林营造，风景区、森林公园、庭园绿化观赏。材用；果可食用；叶和树皮供化工用；树皮、果入药。

【相近种】木蜡树（见 197）；野漆树（见 198）。

194 毛黄栌

生境

晚秋色叶

【学　名】*Cotinus coggygria* var. *pubescens*

【科　名】漆树科 Anacardiaceae

【形　态】落叶灌木。木材黄色；树皮汁液有强烈臭味。小枝带红褐色，被白色短柔毛。单叶互生；叶片近圆形或宽椭圆形，长 5 ～ 9cm，先端钝圆，基部圆形或宽楔形，全缘或微波状，正面无毛，背面至少沿中脉和侧脉被白色绢状短柔毛；叶柄纤细，长 1 ～ 3cm。圆锥花序顶生。核果红色，肾形，偏斜。花期 4 ～ 5 月，果期 7 ～ 9 月。

【分布与生境】产于慈溪横河等丘陵区，生于海拔 300m 以下的山坡疏林、林缘、路边、陡崖石缝及沟谷灌丛中（慈溪新记录）；分布于杭州、宁波、台州、绍兴、金华、丽水等地；苏、鄂、川、贵、豫、鲁、晋、陕等省份有分布。

【用　途】树枝广展，叶形奇特，秋叶渐变红色，艳丽夺目，适于暖湿山坡或水库旁的风景林营造，山岗、脊地、边坡绿化。树皮、叶、木材供化工用；根、枝、叶入药。

毛黄栌花枝

复叶

195 黄连木

【别　名】楷树（楷音 jiē）

【学　名】*Pistacia chinensis*

【科　名】漆树科 Anacardiaceae

【形　态】落叶乔木。树皮灰褐色，细鳞片状剥落。冬芽红色，枝叶揉碎有浓烈气味。一回偶数羽状复叶（稀奇数羽状复叶）互生；小叶10～16枚；小叶片纸质，披针形或卵状披针形，长5～8cm，先端渐尖或长渐尖，基部楔形，偏斜，全缘，两面沿脉被卷曲柔毛或近无毛。圆锥花序腋生，先叶开放。核果扁球形，成熟时紫红色或蓝紫色。花期4月，果期6～10月。

【分布与生境】产于慈溪丘陵区各地，生于山坡、山谷和溪边，南部平原四旁亦见；分布于杭州、宁波、舟山、衢州、台州、丽水、温州等地；华东、中南、西南、华北和西北等省份有分布。

【用　途】春叶带红色，秋叶红色、橙红色或黄色，枝叶扶疏而清秀，果红色，灿烂悦目，绚丽诱人，适于山区生态林营造，风景区、轻盐碱地、平原四旁、公路、厂矿区绿化，森林公园和庭园观赏。材用；嫩叶、果可食用，种子榨油食用；木材、树皮、叶、果实、种子供化工用；树皮、果、叶芽入药。

古黄连木

果枝

盐肤木果枝

嫩枝叶

196 盐肤木

【别　名】五倍子树

【学　名】*Rhus chinensis*

【科　名】漆树科 Anacardiaceae

【形　态】落叶灌木或小乔木。树皮含水状汁液；小枝、叶背面、叶柄和花序均密被锈色柔毛。一回奇数羽状复叶互生，长 25 ～ 45cm；叶轴及叶柄常具宽的叶状翅；小叶 5 ～ 13 枚，纸质，卵形或卵状长圆形，长 3 ～ 11cm，先端急尖，基部宽楔形或圆形，稍偏斜，边缘具粗锯齿，无柄或近无柄。大型圆锥花序顶生，花瓣白色。核果球形，略压扁，成熟时橙红色或乳白色。花期 8 ～ 9 月，果期 10 月。

晚秋色叶

【分布与生境】产于慈溪丘陵区各地，生于向阳山坡、山脊岗地、沟谷溪边疏林下、林缘或灌草丛中；分布于浙江山区、半山区；广布于我国暖温带和亚热带地区。

花枝

【用　途】嫩叶带红色，秋叶红色或橙红色，花序大而色白，供山区生态林营造，山岗、脊地绿化，风景区、公园、庭园观赏。材用；五倍子蚜虫的寄主植物；嫩叶、果可食，叶又作饲料；果供化工用；虫瘿（五倍子）、果实、根、叶入药。

197 木蜡树

【学　名】*Toxicodendron sylvestre*

【科　名】漆树科 Anacardiaceae

【形　态】落叶乔木。树皮灰褐色；芽、小枝、叶各部、花序轴均被柔毛，叶正面较稀少。奇数羽状复叶互生，小叶 7 ～ 13 枚，萌枝之叶可至 19 枚；小叶片纸质，卵形、卵状椭圆形或长圆形，长 5 ～ 13cm，先端急尖或渐尖，基部圆形或宽楔形，常偏斜，全缘，侧脉 15 ～ 25 对。圆锥花序腋生，花瓣黄色。核果近球形，压扁，顶端偏斜，无毛。花期 4 ～ 5 月，果期 7 ～ 8 月。

【分布与生境】产于慈溪丘陵区各地，生于各海拔段的向阳山坡、沟谷疏林中或林缘；分布于浙江山区、半山区；长江中下游各省份有分布。

【用　途】花序繁密，秋叶转红色，供山区生态林营造，风景区、公园绿化观赏。材用；嫩叶可食；种子供化工用；根、叶、树皮、果实入药。

【相近种】南酸枣（见 193）；野漆树（见 198）。

晚秋色叶

花枝

木蜡树果枝

顶芽

复叶

野漆树果枝

198 野漆树

【学　名】*Toxicodendron succedaneum*

【科　名】漆树科 Anacardiaceae

【形　态】落叶乔木。全体无毛；小枝粗壮；顶芽大，紫褐色。奇数羽状复叶互生，小叶 9 ～ 15 枚，坚纸质至薄革质，长椭圆形至卵状披针形，长 6 ～ 12cm，先端渐尖或长渐尖，基部圆形或宽楔形，全缘，背面常带白粉。圆锥花序腋生，多分枝，花瓣黄绿色。核果斜菱状近球形，偏斜。花期 5 ～ 6 月，果期 8 ～ 10 月。

【分布与生境】产于慈溪丘陵区各地，生于山坡、山谷林中；浙江各地常见；华北至长江以南各省份有分布。

【用　途】枝叶扶苏、秀丽，花序大，秋叶转红色，供山区生态林营造，风景区、森林公园背阴面、山谷溪边、林缘绿化观赏。材用；嫩叶可食；叶、茎皮、中果皮、种子供化工用；根、叶、树皮、果实入药。

【相近种】南酸枣（见 193）；木蜡树（见 197）。

199 铁冬青

【别　名】救必应

【学　名】*Ilex rotunda*

【科　名】冬青科 Aquifoliaceae

【形　态】常绿乔木。树皮淡灰色，平滑；枝叶无毛，小枝具棱角，连同叶柄常红紫色。单叶互生；叶片薄革质或纸质，宽椭圆形、椭圆形、长圆形或卵形，长 4 ～ 10cm，先端短渐尖，基部楔形或钝，全缘（萌枝之叶有不规则细锯齿），正面深绿色，有光泽，中脉稍凹入，背面中脉凸起，侧脉 6 ～ 9 对；叶柄长 1 ～ 2cm。聚伞花序或呈伞形状，单生叶腋，花黄白色。果球形，熟时红色。花期 3 ～ 4 月，果期翌年 2 ～ 3 月。

枝叶

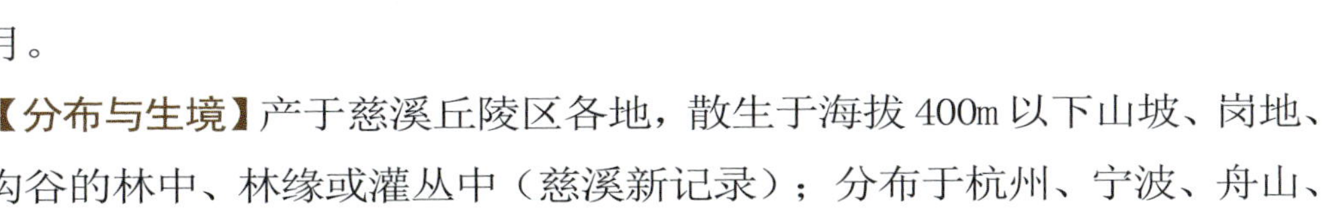

【分布与生境】产于慈溪丘陵区各地，散生于海拔 400m 以下山坡、岗地、沟谷的林中、林缘或灌丛中（慈溪新记录）；分布于杭州、宁波、舟山、台州、丽水等地；长江流域以南有分布。

成熟果枝

【用　途】叶色浓绿光亮，红果累累，经冬不凋，供山区生态林营造，生物防火林带绿化，风景区、公园、庭园观赏。材用；根、叶、树皮入药。

【相近种】冬青（见 200）。

【附　注】慈溪有古树。

铁冬青果枝

冬青果枝

成熟果枝

200 冬　青

【别　名】红果冬青（通称）

【学　名】*Ilex chinensis*

【科　名】冬青科 Aquifoliaceae

【形　态】常绿乔木。树皮暗灰色，平滑不裂；小枝浅绿色；枝叶无毛。单叶互生；叶片薄革质，长椭圆形至披针形，稀卵形，长 5 ～ 14cm，先端渐尖，基部宽楔形，边缘具钝齿或细锯齿，正面亮绿色，中脉扁平，背面中脉凸起，网脉明显，侧脉 8 ～ 9 对；叶柄长 0.5 ～ 1.5cm。复聚伞花序单生叶腋，花淡紫色或紫红色。果椭圆形，深红色，干后栗色。花期 4 ～ 6 月，果期 11 ～ 12 月。

花枝

【分布与生境】产于慈溪丘陵区各地，散生于丘陵林中、林缘；分布于浙江山区、半山区；长江流域以南各省份有分布。

【用　途】树冠宽阔，叶色浓绿，四季常青，秋果红艳夺目，经冬不凋，供山区生态林营造，生物防火林带和工矿区绿化，风景区、公园、庭园观赏。材用；嫩叶可食；根皮、树皮、叶、果实入药。

【相近种】铁冬青（见 199）；光枝刺叶冬青（见 202）。

果枝

201 枸　骨

【别　名】屙缸狼刺（慈溪）、老虎刺、鸟不宿、八角刺

【学　名】*Ilex cornuta*

【科　名】冬青科 Aquifoliaceae

【形　态】常绿小乔木，常呈灌木状。树皮灰白色，平滑；枝叶无毛。单叶互生；叶片厚革质，叶二型，或四方状长圆形，边缘波状，每边具坚挺针刺1～3（5）枚，先端尖刺状急尖或短渐尖，基部圆形至截形，或长圆形、倒卵状长圆形而全缘且先端仍有1枚针刺，叶长（3）4～8cm，正面具光泽，侧脉5～6对；叶柄长2～8mm。花序簇生叶腋。果球形，红色。花期4～5月，果期9月。

无刺枸骨

【分布与生境】产于慈溪丘陵区各地，生于溪沟边、林缘、疏林下、灌丛中、路边及房屋旁；分布于浙江各地；长江中下游各省份有分布。

枸骨花枝

【用　途】叶形奇特，叶色浓绿光亮，秋果红艳，经冬不凋，供山区生态林营造，工矿区、轻盐碱土绿化，风景区、公园、庭园美化，也制盆景或做绿篱。材用；树皮、种子供化工用；根、树皮、枝叶、果实入药。

【附　注】叶二型，也可见同一植株仅有一种叶型的现象，有学者将其中全株全缘者（多从全缘叶枝条繁殖而来）作为栽培品种处理，即无刺枸骨（全缘叶枸骨 *I. cornuta* ‘Fortunei’）。

枝叶

202 光枝刺叶冬青

【别　名】光枝刺缘冬青

【学　名】*Ilex hylonoma* var. *glabra*

【科　名】冬青科 Aquifoliaceae

【形　态】常绿小乔木。小枝粗壮，栗色；全体无毛。单叶互生；叶片革质，长圆形、披针形、卵状披针形或椭圆形，长 6 ～ 12cm，先端渐尖，基部宽楔形，边缘疏生锯齿，齿端具弱刺，中脉正面凹入，背面凸起，侧脉 9 ～ 10 对，两面明显；叶柄长 7mm。花序簇生叶腋。果椭圆状或近球形，红色。花期 3 月，果期 8 ～ 12 月。

【分布与生境】产于慈溪龙山等丘陵区，生于海拔 80m 的溪边阔叶林中（慈溪新记录）；分布于浙江淳安、建德、镇海、宁波、普陀、天台、仙居等县市；赣、闽、鄂、湘、川、贵、粤、桂等省份有分布。

【用　途】枝叶扶疏，果红色，经久不凋，供山区生态林营造，风景区、公园、庭园美化。材用；叶入药。

【相近种】冬青（见 200）；大叶冬青（见 203）。

叶背

果枝

光枝刺叶冬青生境

203 大叶冬青

【别　名】苦丁茶、大叶苦丁茶

【学　名】*Ilex latifolia*

【科　名】冬青科 Aquifoliaceae

【形　态】常绿乔木。树皮灰色，平滑不裂；小枝粗壮，具纵棱；枝叶无毛。单叶互生；叶片厚革质，长椭圆形至卵状长圆形，长 8 ～ 28cm，先端短渐尖或钝，基部宽楔形或圆形，边缘具疏锐锯齿，正面深绿色，光亮，中脉凹入，侧脉明显，背面中脉强隆起；叶柄长 1.5 ～ 2.5cm，粗壮而压扁，有皱纹。花序簇生于叶腋，圆锥状，花黄绿色。果球形，径 7mm，红色。花期 4 ～ 5 月，果期 9 ～ 11 月。

果枝

【分布与生境】产于慈溪掌起、观海卫、匡堰等丘陵区，散生于海拔 200m 以上的沟谷林中或悬崖石缝中（慈溪新记录）；分布于浙江山区、半山区；长江流域及闽、粤、桂等省份有分布。

【用　途】树冠高大，叶色浓绿光亮，秋果红艳，经冬不凋，供山区生态林营造，生物防火林带绿化，风景区、公园、庭园观赏。材用；叶可制苦丁茶；叶、果实入药。

【相近种】光枝刺叶冬青（见 202）。

大叶冬青枝叶

叶背

幼果枝

生境

卫矛果枝

204 卫　矛

【别　名】 鬼箭羽

【学　名】 *Euonymus alatus*

【科　名】 卫矛科 Celastraceae

【形　态】 落叶灌木。全体无毛。小枝绿色，具四棱，常具 4 列宽达 1.2cm 的棕褐色木栓翅。单叶对生；叶片纸质，倒卵形、椭圆形或菱状倒卵形，长 1.5 ～ 7cm，先端急尖，基部楔形或宽楔形至近圆形，边缘具细锯齿，侧脉 6 ～ 8 对，网脉明显；叶柄长 1 ～ 2mm，或几无柄。聚伞花序腋生，有花 3 ～ 5 朵，花冠淡黄色，仅 1 ～ 2 个心皮发育。蒴果棕褐色带紫，几乎全裂；红色假种皮全包种子。花期 4 ～ 6 月，果期 9 ～ 10 月。

【分布与生境】 产于慈溪龙山、匡堰等丘陵区，生于海拔 60m 以上的沟谷、山坡林中、林缘及灌丛中；分布于浙江各地；长江中下游至冀、辽、吉等省份有分布。

木栓翅

【用　途】 春叶带红色，秋叶红色，枝翅奇特，叶秀果红，适于工矿区绿化，风景区、公园、庭园观赏，或制盆景。木栓翅入药；材用；嫩叶可食用；茎叶、种子供化工用。

【相近种】 百齿卫矛（见 205）。

205 百齿卫矛

【别　名】窄翅卫矛

【学　名】*Euonymus centidens*

【科　名】卫矛科 Celastraceae

【形　态】常绿直立灌木。小枝四棱形，具窄翅；单叶对生；叶片长圆状椭圆形或窄椭圆形，长 2 ～ 7cm，先端长渐尖，基部圆形或宽楔形，边缘具明显尖锐细锯齿，或较钝而稀疏的锯齿，近基部全缘，侧脉 5 ～ 7 对；叶柄极短。聚伞花序腋生，或侧生，有花 1 ～ 3 朵，花冠暗黄色，仅 1 ～ 2 个心皮发育。蒴果淡黄色；橙黄色假种皮仅部分包围种子。花期 5 ～ 6 月，果期 10 ～ 11 月。

枝叶

【分布与生境】产于慈溪龙山、掌起、观海卫、市林场等丘陵区，生于海拔 200 ～ 380m 的沟谷林下；分布于浙江普陀、开化、遂昌、缙云、泰顺、仙居、温岭等县市；皖、赣、闽、湘、川、云、贵、粤、桂等省份有分布。

【用　途】枝叶扶疏，适于风景区绿化，公园、庭园观赏。根、茎皮、果实入药。

【相近种】卫矛（见 204）。

百齿卫矛果枝

花枝

果实（含种子）

肉花卫矛果枝

206 肉花卫矛

【学　名】*Euonymus carnosus*

【科　名】卫矛科 Celastraceae

【形　态】半常绿乔木或灌木。树皮灰黑色，小枝圆柱形，绿色。单叶对生；叶片近革质，秋冬季常变暗紫红色，长圆状椭圆形或长圆状倒卵形，长 4 ～ 17cm，先端急尖，基部宽楔形，边缘具细锯齿，侧脉 12 ～ 15 对；叶柄长 0.8 ～ 1cm。聚伞花序，花淡黄色，直径约 1.5cm。蒴果近球形，果皮厚实，具 4 钝棱或不明显，淡红色或红色；种子具红色假种皮。花期 5 ～ 6 月，果期 8 ～ 10 月。

【分布与生境】产于慈溪丘陵区各地，生于海拔 400m 以下的山谷溪边、山坡林中、林缘石旁（慈溪新记录）；分布于湖州、杭州、宁波、舟山、衢州、台州、丽水、金华等地；苏、沪、皖、赣、闽、台、鄂、豫等省份有分布。

【用　途】叶色春夏浓绿光亮，秋冬转为绯红至暗紫红，并伴以肉红色下垂的大果穗，娇艳悦目，经冬不凋，供山区生态林营造，湿地、轻盐碱土绿化，风景区、公园、庭园美化，盆景制作。材用；根、树皮入药。

【相近种】冬青卫矛（见 207）。

冬青卫矛果枝

207 冬青卫矛

【别 名】大叶黄杨

【学 名】*Euonymus japonicus*

【科 名】卫矛科 Celastraceae

【形 态】常绿灌木。小枝绿色，微呈四棱形；冬芽长 7 ～ 12mm，绿色，纺锤形。单叶对生；叶片革质，具光泽，椭圆形或倒卵状椭圆形，长 2 ～ 7cm，先端渐尖或钝，基部楔形，边缘具钝锯齿，侧脉 5 ～ 6 对；叶柄长 0.5 ～ 1.5cm。聚伞花序一至二回二歧分枝，花径 6 ～ 8mm。蒴果无棱，直径约 1cm，假种皮橙红色。花期 6 ～ 7 月，果期 9 ～ 10 月。

生境

【分布与生境】产于慈溪观海卫（海黄山），生于海拔 20m 的疏林下，平原及沿海有栽培；分布于台州等地；我国华北以南省份多有栽培。

花枝

【用 途】叶色光亮，花序繁密，假种皮艳丽，供工矿区、轻盐碱土绿化，公园、庭园观赏，盆景制作，或作绿篱。树皮供化工用；根、树皮入药。

【相近种】肉花卫矛（见 206）；扶芳藤（见 208）。

208 扶芳藤

【别　名】宽筋藤（慈溪，筋方言音 hán）

【学　名】*Euonymus fortunei*

【科　名】卫矛科 Celastraceae

【形　态】常绿灌木。茎匍匐或攀援，具气生根；小枝圆柱形，绿色，密布瘤状皮孔。单叶对生；叶片革质，宽椭圆形至长圆状倒卵形，长 3～7cm，先端短锐尖或短渐尖，基部宽楔形或近圆形，边缘具钝锯齿，侧脉 5～6 对，网脉不明显；叶柄长 0.4～1.5cm。聚伞花序较密。蒴果近球形，淡红色；种子有橙红色假种皮。花期 6～7 月，果期 10 月。

【分布与生境】产于慈溪丘陵区各地，生于山坡、沟谷石壁上、树干上；分布于浙江各地；长江以南及晋、陕、豫等省份有分布。

【用　途】叶色浓绿，秋冬叶色转红，适于边坡、断面覆绿，盐碱土绿化，公园、庭园垂直绿化，石景点缀，老树干覆盖或作地被。嫩叶可食用；茎、叶入药。

【相近种】冬青卫矛（见 207）。

果枝

扶芳藤花枝

冬季色叶

花枝

209 丝绵木

【别　名】白杜、丝棉木

【学　名】*Euonymus maackii*

【科　名】卫矛科 Celastraceae

【形　态】落叶乔木。树皮细纵裂；全体无毛；小枝近圆柱形，灰绿色。单叶对生；叶片纸质，椭圆状卵形、卵圆形或长圆状椭圆形，长 2.5 ～ 11cm，先端长渐尖，基部宽楔形或近圆形，边缘具尖锐细锯齿，侧脉 6 ～ 9 对；叶柄较细，长 2 ～ 2.5cm，为叶片长的 1/3 ～ 1/4。聚伞花序侧生于新枝上，花黄绿色。蒴果倒圆锥形，4 浅裂，淡黄色或粉红色；种子有橙红色假种皮。花期 5 ～ 6 月，果期 8 ～ 10 月。

【分布与生境】产于慈溪丘陵区各地，平原及滨海亦见，生于山丘沟谷、山坡林中、林缘、路边及平原四旁（慈溪新记录）；分布于湖州、嘉兴、杭州、宁波、舟山、衢州、金华、台州等地；长江流域经华北至辽等省份有分布。

【用　途】枝叶扶疏，春叶带红，秋叶转色，粉红色蒴果悬挂枝头，持久而美观，供山区生态林营造，平原四旁、盐碱土、湿地、工矿区绿化，风景区、公园、庭园观赏。材用；树皮、根、种子供化工用；树皮、根、枝叶、果实或全株入药。

【附　注】慈溪有古树。

丝绵木果枝

花枝（蕾期）

树皮

花枝

210 哥兰叶

【别　名】大芽南蛇藤、霜红藤

【学　名】*Celastrus gemmatus*

【科　名】卫矛科 Celastraceae

【形　态】落叶木质藤本。小枝具棱，褐色，无毛，散生白色近圆形皮孔；能育枝髓实心，徒长枝髓中空或片状；冬芽卵状圆锥形，长 4 ～ 12mm。单叶互生；叶片椭圆形或卵状椭圆形，长 5 ～ 15cm，先端渐尖至急尖，基部近圆形至平截，具细锯齿，侧脉 5 ～ 7 对，网脉明显，背面苍白色，脉上具柔毛；叶柄长 1 ～ 2cm。花单性异株；聚伞花序排成圆锥状。蒴果近球形，黄色；种子具红色假种皮。花期 5 ～ 6 月，果期 9 ～ 10 月。

【分布与生境】产于慈溪丘陵区各地，生于山坡灌丛或林缘，以及沟谷溪边等处（慈溪新记录）；分布于湖州、杭州、衢州、金华、台州、丽水、温州等地；秦岭以南各省份有分布。

【用　途】叶形美观，秋叶转色，果实黄色，经冬不凋，果实开裂后显露红色假种皮，红黄相间，娇艳悦目，供边坡、断面覆绿，公园、庭园垂直绿化和石景点缀。纤维植物；嫩叶可食用；种子供化工用；根、茎、叶入药。

皮孔

哥兰叶果枝

211 雷公藤

【别　名】断肠草

【学　名】*Tripterygium wilfordii*

【科　名】卫矛科 Celastraceae

【形　态】落叶灌木，蔓生。小枝红褐色，具 4 ～ 6 条棱，密被锈色短毛，皮孔瘤状突起。单叶互生；叶片纸质，宽椭圆形、宽卵形或卵状椭圆形，长 4 ～ 10cm，先端短尖或渐尖，基部圆形或宽楔形，侧脉约 5 对，叶缘具细锯齿，网脉明显，背面脉上疏生短柔毛；叶柄长 0.5 ～ 1cm。圆锥状聚伞花序长 5 ～ 7cm。翅果长圆形，具 3 翅。花期 5 ～ 6 月，果期 9 ～ 10 月。

枝

【分布与生境】产于慈溪掌起等丘陵区，生于海拔 150 ～ 200m 的山坡疏林中和路旁；分布于湖州、杭州、宁波、衢州、台州、丽水、金华、温州等地；长江流域至西南各省份有分布。

【用　途】枝叶扶疏，可供公园、庭园石景点缀美化。根、叶、花、果或全株入药；根皮可做土农药。

【附　注】雷公藤对人具剧毒。

雷公藤花枝（蕾期）

省沽油生境

212 省沽油

【别　名】双蝴蝶

【学　名】*Staphylea bumalda*

【科　名】省沽油科 Staphyleaceae

【形　态】落叶灌木。树皮紫红色或灰褐色，有纵棱；小枝开展，绿白色，无毛。复叶对生；小叶 3 枚，椭圆形或卵圆形至长卵圆形，长 3.5 ～ 9cm，先端急尖至渐尖，顶生小叶片基部楔形，下延，侧生小叶片基部宽楔形或近圆形，偏斜，边缘具细锯齿，正面疏生短毛，沿脉较密，背面灰绿色，初时沿脉有短毛；顶生小叶柄果时长 5 ～ 17mm。圆锥花序，花芳香。蒴果扁膀胱状，顶端 2 裂，基部下延成果颈，红色。花期 4 ～ 5 月，果期 6 ～ 9 月。

果枝

【分布与生境】产于慈溪龙山等丘陵区，生于海拔 300 ～ 400m 的山谷坡地、溪边路旁等林中；分布于湖州、杭州、宁波、台州、丽水、温州等地；苏、皖、赣、鄂、川、豫、冀、晋、陕及东北等省份有分布。

花枝

【用　途】叶形秀美，秋叶变色，花芳香，果形奇特而色彩艳丽，供公园、庭园之路边、角隅、池畔美化，石景点缀。材用；嫩叶可食用；种子供化工用；根及果实入药。

213 野鸦椿

【别　名】鸡肫皮（肫音 zhūn）、鸟眼睛

【学　名】*Euscaphis japonica*

【科　名】省沽油科 Staphyleaceae

【形　态】落叶灌木或小乔木。树皮灰褐色，具纵裂纹；小枝及芽红紫色，无毛；枝叶揉碎具恶臭气味。复叶对生，长 12 ～ 28cm，小叶 5 ～ 9 枚，稀 3 或 11 枚；叶片厚纸质，椭圆形、卵形或长卵形，长 4 ～ 9cm，先端渐尖至长渐尖，基部圆形或宽楔形，常偏斜，边缘具细锐锯齿，齿尖有腺体，正面具光泽，背面沿中脉被脱落性白色短柔毛。圆锥花序顶生，花黄白色。蓇葖果紫红色，果皮软革质，开裂后呈鸡肫皮状，露出亮黑色种子。花期 4 ～ 5 月，果期 6 ～ 9 月。

花枝

果枝

【分布与生境】产于慈溪丘陵区各地，生于山坡、谷地、溪边、路旁之林中、林缘或灌丛中；分布于浙江山区、半山区；除东北及西北外，我国其它省份有分布。

【用　途】枝叶扶疏，叶色浓绿光亮，秋叶转红，果序红黑相间，艳丽夺目，供风景区、公园、庭园绿化观赏。嫩叶可食用；根、果实、种子入药。

野雅椿生境

成熟果枝

苦茶槭果枝

214 苦茶槭

【别　名】桑芽槭

【学　名】*Acer tataricum* ssp. *theiferum*

【科　名】槭树科 Aceraceae

【形　态】落叶灌木或小乔木。树皮灰褐色，微纵裂。小枝无毛，当年生枝绿色或紫绿色，多年生枝淡黄色或黄褐色，具皮孔。单叶对生；叶片薄纸质，卵形、卵状长椭圆形至长椭圆形，长 5 ～ 10cm，先端锐尖或狭长锐尖，基部圆形或近心形，不分裂或 3 ～ 5 浅裂，中裂片远比侧裂片发达，边缘具不规则的锐尖重锯齿，背面有白色疏柔毛。伞房花序顶生，花瓣白色。翅果的小坚果稍压扁，两翅张开近于垂直或成锐角。花期 5 月，果期 9 ～ 10 月。

花枝

【分布与生境】产于慈溪观海卫、匡堰、市林场等丘陵区，生于海拔 150 ～ 300m 的山坡、溪沟边、路旁灌丛中或疏林下；分布于湖州、杭州、绍兴、宁波、衢州、台州、丽水等地；苏、皖、赣、鄂、豫等省份有分布。

【用　途】枝叶扶疏，叶形奇特，秋叶转色，果形美观，供山区生态林营造，轻盐碱土绿化，风景区、公园、庭园观赏。嫩叶代茶饮用；树皮、叶、果实或种子供化工用；幼芽入药；材用。

215 三角槭

【别　名】三角枫

【学　名】*Acer buergerianum*

【科　名】槭树科 Aceraceae

【形　态】落叶乔木。树皮灰黄色，薄片状剥落；小枝疏被脱落性柔毛，皮孔显著。单叶对生；叶片纸质，卵状椭圆形至倒卵形，长 6 ～ 10cm，常 3 浅裂，裂片三角形至三角状卵形，先端尖至短渐尖，全缘或上部具锯齿，中裂片大于侧裂片，叶基部楔形至近圆形，叶背具白粉；叶柄无毛。幼树及萌枝之叶常 3 中裂，各裂片近等大，裂片上半部具较粗锯齿。伞房花序顶生。翅果的小坚果显著凸起，两翅张开成锐角或平行。花期 4 月，果期 10 月。

枝叶

【分布与生境】产于慈溪丘陵区各地，生于海拔 350m 以下的山坡、沟谷之林中及近山的平原四旁；分布于浙江各地；苏、皖、赣、闽、鄂、湘、粤、贵、鲁、豫等省份有分布。

【用　途】树冠圆形，枝叶秀丽，秋叶变暗红或橙黄，供山区生态林营造，断面、边坡覆绿，平原四旁绿化，风景区、公园、庭园观赏，亦可制盆景。材用；根、根皮和茎皮入药。

【附　注】慈溪有古树。

古三角槭

三角槭果枝

树皮

秀丽槭果枝

216 秀丽槭

【别　名】青枫

【学　名】*Acer elegantulum*

【科　名】槭树科 Aceraceae

【形　态】落叶乔木。树皮稍粗糙，灰褐色。小枝无毛，当年生枝淡紫绿色，多年生枝暗紫红色。单叶对生；叶片长 5.5 ～ 9cm，基部深心形或近心形，5 裂，裂片卵形或三角状卵形，稀长圆状卵形，先端短急锐尖，尖尾长 0.8 ～ 1.8cm，基部的裂片较小，边缘具低平锯齿，背面脉腋被黄色丛毛；叶柄长 2 ～ 5.5cm。圆锥花序顶生，花瓣淡红色。翅果的小坚果凸起，两翅张开近于水平。花期 4 ～ 5 月，果期 10 月。

【分布与生境】产于慈溪市林场等丘陵区，生于海拔 250 ～ 400m 的山谷溪边林中；分布于湖州、杭州、衢州、丽水、金华、台州等地；皖、赣也有分布。

枝叶

【用　途】嫩叶带红色，叶片入秋后转红色，或先转黄色再转红色，翅果累累，成串下垂，且色彩丰富，供山区生态林营造，风景区、公园、庭园绿化观赏。材用；根、根皮入药；用作红枫和羽毛枫的砧木。

七叶树花枝

217 七叶树

【学　名】*Aesculus chinensis*

【科　名】七叶树科 Hippocastanaceae

【形　态】落叶乔木。树皮灰褐色；小枝圆柱形，无毛，具皮孔；冬芽大，具 4 棱；有树脂。掌状复叶对生，小叶 5 ～ 7 枚；叶柄长 5 ～ 18cm；小叶片纸质，长圆状披针形至长圆状倒披针形，稀长椭圆形，长 10 ～ 18cm，先端短渐尖，基部楔形或宽楔形，边缘有钝尖的细锯齿，背面仅幼时沿中脉有柔毛；小叶柄长 0.5 ～ 2cm。花序圆柱形，长 30 ～ 50cm，花瓣白色，下部黄色或橘红色。果实球形或倒卵圆形，密生斑点。花期 5 月，果期 9 ～ 10 月。

叶痕

【分布与生境】慈溪观海卫、白沙等地有栽培。杭州、舟山、衢州、丽水等地以及苏、豫、冀、晋、陕等省份有栽培，秦岭有野生。

枝叶

【用　途】冠如华盖，叶形奇特，花序硕大，蔚为壮观，适于公园、广场、庭园观赏，也做行道树。材用；种子供化工用；种子入药。

花枝

果实与种子

218 无患子

【别　名】肥皂树

【学　名】*Sapindus mukorossi*

【科　名】无患子科 Sapindaceae

【形　态】落叶乔木。树皮灰黄色或灰褐色，光滑，老时浅纵裂；小枝粗壮，具黄褐色皮孔；小枝和叶轴被脱落性柔毛；叶轴和小叶柄上面均具 2 槽。一回偶数羽状复叶互生，长 20 ～ 45cm；小叶 5 ～ 8 对，互生或近对生；小叶片长卵形或长卵状披针形，有时稍呈镰形，长 6 ～ 14cm，基部偏斜，全缘，两面无毛或几无毛；小叶柄长 2 ～ 5mm。圆锥花序顶生。果实近球形，直径约 2cm，黄色，果皮肉质，富含皂素。花期 5 ～ 6 月，果期（9）10 月。

【分布与生境】产于慈溪各地，生于海拔 300m 以下的山坡、沟谷溪边之林中、林缘或平原至沿海地带，常见栽培；分布于浙江全省；我国东部、南部和西南各省份有分布。

【用　途】枝叶秀丽，秋叶转金黄，串串果实垂挂枝头，供山区生态林营造，风景区、平原四旁、工矿区、公路、轻盐碱土绿化，公园、庭园观赏。材用；果皮可代肥皂；种子供化工用；根、果实、嫩枝叶、树皮入药。

【附　注】慈溪有古树。

无患子果枝

219 清风藤

【学　名】*Sabia japonica*

【科　名】清风藤科 Sabiaceae

【形　态】落叶木质藤本。幼枝有细毛。单叶互生；叶片纸质，卵状椭圆形、卵形或宽卵形，长 3.5 ～ 9cm，先端尖或短钝尖，基部圆钝或宽楔形，全缘，两面近无毛，正面亮绿色，背面灰绿色；叶柄短，落叶后其基部残留于枝上而成木质化的短尖刺，刺端2分叉。花单生叶腋，先叶开放，黄绿色。核果熟时碧蓝色，多由 2 分果组成，果梗长 2 ～ 2.5cm。花期 2 ～ 3 月，果期 4 ～ 7 月。

【分布与生境】产于慈溪丘陵区各地，生于各海拔段的山坡、沟谷林中或林缘，常攀援于灌丛或岩石上；分布于杭州、绍兴、宁波、舟山、衢州、金华、台州、丽水、温州等地；苏、皖、赣、闽、台、湘、粤、桂等省份有分布。

【用　途】花黄绿色，果实碧蓝，适于边坡、断面覆绿，公园、庭园石景点缀美化。嫩叶可食用；茎藤入药。

清风藤生境

花枝

果枝

顶芽

枝叶

红枝柴花枝

220 红枝柴

【别　名】南京泡花树

【学　名】*Meliosma oldhamii*

【科　名】清风藤科 Sabiaceae

【形　态】落叶乔木。树皮浅灰色，略粗糙；小枝粗壮；芽裸露。一回奇数羽状复叶互生，常集生枝顶，长 13 ～ 30cm；小叶 3 ～ 7 对，对生或近对生；小叶坚纸质，下部者略小，卵形，长 3 ～ 5cm，上部者渐大，狭卵形至椭圆状卵形，长 5 ～ 8cm，先端锐渐尖，基部圆钝或宽楔形，边缘具稀疏锐尖小锯齿，侧脉 7 ～ 8 对，背面脉腋有簇毛。圆锥花序，花白色，芳香。核果球形。花期 5 ～ 6 月，果期 10 月。

【分布与生境】产于慈溪丘陵区各地，生于海拔 100 ～ 400m 的沟谷阔叶林中或路旁（慈溪新记录）；分布于湖州、杭州、宁波、衢州、金华、台州、丽水、温州等地；苏、沪、皖、赣、鄂、湘、川、贵、陕、粤、桂等省份有分布。

【用　途】花序大型，花白色而芬芳，供山区生态林营造，森林公园、风景区、公园、庭园绿化观赏。材用；根皮入药。

雀梅藤花枝（蕾期）

221 雀梅藤

【别　名】雀梅、对节刺

【学　名】*Sageretia thea*

【科　名】鼠李科 Rhamnaceae

【形　态】常绿灌木。茎呈藤状；枝顶常呈刺状；当年生小枝具棱，连同叶柄密被褐色短柔毛。单叶对生或互生；叶片纸质或薄革质，椭圆形或卵状椭圆形，长1～4cm，宽0.7～2.4cm，先端急尖、钝尖或圆，中脉常伸出，基部圆形或近心形，边缘有细密锯齿，无毛或背面沿脉被柔毛，侧脉4～5对，在正面不明显下陷；叶柄长2～7mm。花黄色，数个簇生，排成疏散穗状或圆锥状穗状花序。核果圆。花期7～11月，果期翌年3～5月。

果枝

【分布与生境】产于慈溪丘陵区各地，生于山坡、沟谷、山麓灌丛中或岩石旁；分布于浙江全省；苏、沪、皖、闽、台、鄂、湘、川、云、粤、桂等省份有分布。

【用　途】枝叶斜展横出，疏密有致，飘逸豪放，供盆景制作，边坡、断面覆绿，岩石点缀美化，亦作绿篱。果可生食，嫩叶代茶；全株入药。

生境

果与叶背

222 长叶冻绿

【别　名】长叶鼠李

【学　名】*Rhamnus crenata*

【科　名】鼠李科 Rhamnaceae

【形　态】落叶灌木或小乔木。小枝受光面带红色，顶芽为裸芽，密被锈色柔毛。单叶互生，螺旋状排列；叶片倒卵状椭圆形、椭圆形或倒卵形，长 4 ～ 14cm，先端渐尖、短突尖，基部楔形，边缘具圆细锯齿，正面无毛，背面被柔毛，侧脉 7 ～ 12 对；叶柄长 4 ～ 10mm；托叶早落。聚伞花序腋生，总花梗长 4 ～ 15mm。核果球形，熟时由黄变红，最后成紫黑色。花期 5 ～ 8 月，果期 8 ～ 10 月。

【分布与生境】产于慈溪丘陵区各地，生于海拔 400m 以下的山坡、沟谷疏林下、林缘或灌丛中（慈溪新记录）；分布于杭州、宁波、衢州、台州、丽水等地；我国秦岭与淮河以南省份均有分布。

【用　途】枝叶较繁密，果实色彩丰富，秋叶转色，可供边坡、断面覆绿，风景区、郊野公园美化观赏。根、皮供化工用；根、皮入药。

【相近种】圆叶鼠李（见 223）；冻绿（见 224）；猫乳（见 225）。

【附　注】根有剧毒。

长叶冻绿果枝

花枝（蕾期）

圆叶鼠李果枝

223 圆叶鼠李

【别　名】山绿柴

【学　名】*Rhamnus globosa*

【科　名】鼠李科 Rhamnaceae

【形　态】落叶灌木。具长短枝；小枝对生或近对生，当年生小枝被短柔毛；长枝先端具针刺，单叶对生或近对生，而在短枝上簇生；叶片近圆形、倒卵状圆形或卵圆形，长 2 ～ 6cm，先端突尖或短渐尖，基部宽楔形至近圆形，边缘具圆锯齿，两面有毛，背面稍密，侧脉 3 ～ 4 对，在正面凹下，在背面凸起，且网脉明显；叶柄长 6 ～ 10mm；托叶宿存。花簇生。核果球形，熟时黑色。花期 4 ～ 5 月，果期 6 ～ 10 月。

托叶

【分布与生境】产于慈溪龙山、掌起、观海卫、市林场等丘陵区，生于海拔 380m 以下的沟谷、山坡林中、林缘、灌丛中以及平地（慈溪新记录）；分布于杭州、宁波、舟山、金华、丽水等地；苏、沪、皖、赣、湘、鲁、豫、冀、晋、陕、甘、辽等省份有分布。

【用　途】枝叶细密，秋叶转色，供边坡、断面覆绿，公园、庭园点缀石景，亦制盆景。茎皮、根、果或种子供化工用；果实、根皮、茎、叶入药。

【相近种】长叶冻绿（见 222）；冻绿（见 224）。

生境

224 冻　绿

【学　名】*Rhamnus utilis*

【科　名】鼠李科 Rhamnaceae

【形　态】落叶灌木或小乔木。幼枝无毛，对生或近对生，枝端常具针刺；无顶芽；单叶对生或近对生，短枝上簇生；叶片狭长圆形、长圆形或倒卵状椭圆形，稀倒卵形，长 5 ～ 14cm，先端突尖或锐尖，基部楔形，边缘具细锯齿，正面无毛或仅沿中脉具疏柔毛，背面沿脉或脉腋有金黄色柔毛，侧脉 5 ～ 8 对；叶柄长 5 ～ 15mm。花簇生于叶腋或聚生于小枝下部。核果球形，熟时黑色。花期 4 ～ 6 月，果期 5 ～ 8 月。

【分布与生境】产于慈溪龙山、掌起、观海卫和市林场等丘陵区，生于海拔 100 ～ 350m 的阔叶林或灌丛中；分布于杭州、宁波、衢州、丽水、温州、台州等地；苏、皖、赣、闽、鄂、湘、川、贵、豫、冀、晋、陕、甘、粤、桂等省份有分布。

【用　途】枝叶繁密，秋叶转色，供山区生态林营造，边坡、断面覆绿，公园、庭园观赏。材用；嫩叶可食用；树皮、叶、果实或种子供化工用；根、根皮、树皮、种子入药。

【相近种】长叶冻绿（见 222）；圆叶鼠李（见 223）。

近成熟果枝

冻绿果枝

猫乳果枝

225 猫　乳

【别　名】鼠屙枣（慈溪）、鼠矢枣

【学　名】*Rhamnella franguloides*

【科　名】鼠李科 Rhamnaceae

【形　态】落叶灌木或小乔木。小枝纤细，黄绿色，幼时被柔毛，无顶芽。单叶互生，排成2列；叶片倒卵状椭圆形或长椭圆形，长4～12cm，先端尾状渐尖至短突尖，基部圆形或楔形，边缘具细锯齿，正面无毛，背面全部或仅脉上被柔毛，侧脉5～11对；叶柄长2～6mm，密被柔毛；托叶宿存。聚伞花序腋生，几无总花梗。核果圆柱形，熟时由黄转橙红、红色直至紫黑色。花期5～7月，果期7～10月。

花枝

【分布与生境】产于慈溪丘陵区各地，生于低海拔的山坡、沟谷疏林下、林缘或灌丛中（慈溪新记录）；分布于湖州、杭州、宁波、舟山、衢州、台州等地；苏、沪、皖、赣、鄂、湘、鲁、豫、冀、晋、陕等省份有分布。

果枝

【用　途】枝叶扶疏，果色鲜艳多变，适于边坡、断面覆绿，风景区、森林公园绿化观赏。纤维植物；茎皮供化工用；根或全株入药。

【相近种】长叶冻绿（见222）。

226 牯岭勾儿茶

【别　名】小叶勾儿茶

【学　名】*Berchemia kulingensis*

【科　名】鼠李科 Rhamnaceae

【形　态】落叶藤状灌木。全体无毛。单叶互生；叶片纸质，卵状椭圆形或卵状长圆形，长 2 ～ 6cm，先端钝圆或尖，具小尖头，基部圆形或近心形，侧脉 7 ～ 9 对，两面微凸起；叶柄细弱，长 0.6 ～ 1cm；托叶 2 枚，基部合生，宿存。聚伞总状花序，不分枝，疏散。核果长圆柱形，红色，熟时黑紫色。花期 6 ～ 7 月，果期翌年 4 ～ 5 月。

【分布与生境】产于慈溪匡堰、市林场等丘陵区，生于海拔 200 ～ 400m 的山坡、沟谷林中或林缘，常攀援于灌丛或岩石上（慈溪新记录）；分布于湖州、杭州、宁波、衢州、台州、温州等地；苏、皖、赣、闽、湘、鄂、桂、川、贵等省份有分布。

【用　途】叶形雅致，果实红黑相间，供边坡、断面覆绿，公园、庭园点缀石景。根入药。

【相近种】多花勾儿茶（见 227）。

叶背

牯岭勾儿茶果枝

多花勾儿茶果枝（果已脱落）

叶背

花枝

227 多花勾儿茶

【学　名】*Berchemia floribunda*

【科　名】鼠李科 Rhamnaceae

【形　态】落叶藤状灌木。单叶互生；下部叶片较大，长达 11cm，椭圆形至长圆形，先端钝或圆，稀短渐尖，基部圆形，稀心形，正面无毛，背面沿脉基部疏被柔毛，侧脉 9 ～ 14 对，两面稍凸起；叶柄长 1 ～ 3.5（5.2）cm；上部叶片较小，叶柄也较短。聚伞状圆锥花序，具宽大分枝。核果圆柱形，红色，熟时黑紫色。花期 7 ～ 10 月，果期翌年 4 ～ 7 月。

【分布与生境】产于慈溪丘陵区各地，生于海拔 80m 以上的沟谷、山坡林缘、疏林及灌丛中（慈溪新记录）；分布于杭州、舟山、衢州、丽水、温州和台州等地；长江流域以南及晋等省份有分布。

【用　途】叶形雅致，果实红黑相间，供边坡、断面覆绿，公园、庭园点缀石景，花枝、果枝供瓶插。嫩叶可代茶；根、茎、叶入药。

【相近种】牯岭勾儿茶（见 226）。

果枝

228 枣

【别　名】白蒲枣（慈溪）

【学　名】*Ziziphus jujuba*

【科　名】鼠李科 Rhamnaceae

【形　态】落叶小乔木。具长枝和短枝：长枝呈之字形曲折，具2托叶刺，一长一短，长刺粗直，长可至3cm，短刺下弯；短枝距状，当年生枝绿色，弯垂，单生或2～7个簇生于短枝上。单叶互生，二列状排列；叶片卵形或卵状椭圆形，长2.5～7cm，顶端钝或圆，边缘具圆锯齿，基生三出脉；托叶刺常脱落。花黄绿色。核果近椭圆形，红紫色或暗红色。花期5～7月，果期8～10月。

【分布与生境】慈溪各地有栽培；原产我国，现全国各省份均有栽培。

【用　途】枝干劲拔，翠叶垂荫，果实累累，秋叶转色，供经济栽培，厂矿区、轻盐碱土、平原四旁绿化，风景区、公园、庭园观赏，桩景制作。果实食用；果实、根、树皮、叶、果核入药；材用。

枣植株

果实

花枝

229 刺葡萄

【别　名】山葡萄

【学　名】*Vitis davidii*

【科　名】葡萄科 Vitaceae

【形　态】落叶木质藤本。茎粗壮，幼枝密被棕红色软皮刺，皮刺长 2 ～ 4mm，老茎上皮刺呈瘤状突起。单叶互生，叶片与卷须对生；叶片宽卵形至卵圆形，有时具不明显的3浅裂，长 5 ～ 20cm，先端短渐尖，基部心形，边缘具波状细锯齿，背面灰白色，仅主脉上和脉腋有短柔毛；叶柄长 6 ～ 13cm，疏生小皮刺。圆锥花序长 5 ～ 15cm。浆果球形，熟时蓝黑色或蓝紫色，直径 1 ～ 1.5cm。花期 4 ～ 5 月，果期 8 ～ 10 月。

【分布与生境】产于慈溪龙山等丘陵区，生于海拔 300 ～ 400m 的山坡阔叶林中、沟谷灌丛中或岩石旁；分布于杭州、宁波、衢州、台州、丽水、温州等地；秦岭以南至南岭诸省份有分布。

【用　途】茎刺奇特，叶形秀美，适于经济栽培，边坡、断面、乱石堆覆绿，公园、庭园垂直绿化。果供食用；葡萄育种材料；种子供化工用；根入药。

果枝

枝叶

刺葡萄生境

花枝（蕾期）

叶背

230 蘡　薁

【学　名】*Vitis bryoniifolia*

【科　名】葡萄科 Vitaceae

【形　态】落叶木质藤本。幼枝、叶柄、花序轴和分枝均被锈色或灰色绒毛；卷须有 1 分枝或不分枝。单叶互生，叶片与卷须对生；叶片宽卵形或卵形，长 4 ～ 8cm，掌状 3 ～ 5 深裂（不达基部），一回裂片常再浅裂或深裂，中间裂片最大，菱形，下部常收狭，边缘有缺刻状粗齿，侧生裂片 2 裂或不分裂，正面疏生短毛，背面密被锈色柔毛；叶柄长 1 ～ 3cm。圆锥花序。浆果球形，熟时紫色，直径约 1cm。花期 4 ～ 5 月，果熟期 7 ～ 8 月。

【分布与生境】产于慈溪丘陵区各地，生于山坡、路旁灌丛或空旷地中（慈溪新记录）；分布于杭州、宁波、台州等地；苏、沪、皖、赣、闽、鄂、湘、粤、云等省份有分布。

【用　途】叶形奇特，秋叶转色，供边坡、断面、乱石堆覆绿，公园、庭园垂直绿化，石景美化。果可食用；根、茎、叶、果实或全株入药。

【相近种】异叶蛇葡萄（见 237）。

【附　注】蘡薁音 yīngyù。

蘡薁生境

231 毛葡萄

【学　名】*Vitis heyneana*

【科　名】葡萄科 Vitaceae

【形　态】落叶木质藤本。幼枝常被白色绵毛，老枝棕褐色。单叶互生，叶片与卷须对生；叶片卵形或五角状卵形，长 10 ～ 15cm，不分裂或不明显三裂，先端急尖，基部浅心形或近截形，边缘有波状小齿牙，正面无毛或近无毛，背面密生浅豆沙色绒毛；叶柄长 3 ～ 7cm，密被白色或豆沙色蛛丝状柔毛。圆锥花序。浆果球形，熟时紫红色。花期 6 月，果期 8 ～ 9 月。

【分布与生境】产于慈溪龙山、观海卫等丘陵区，生于山坡林中、林缘或溪谷边灌丛中，多攀援于他物上；分布于杭州、宁波、衢州、丽水、台州等地；苏、皖、赣、台、鄂、桂、川、贵、云、陕、甘等省份有分布。

【用　途】叶形秀美，两面色差显著，秋叶转色，供边坡、断面、乱石堆覆绿，公园、庭园垂直绿化。果可食用；根皮、叶或全株入药。

【相近种】葡萄（见 232）；红叶葡萄（见 233）；华东葡萄（见 234）；葛藟（见 235）；光叶蛇葡萄（见 236）。

毛葡萄生境

果枝（果已脱落）

枝叶

232 葡　萄

【学　名】*Vitis vinifera*

【科　名】葡萄科 Vitaceae

【形　态】落叶木质藤本，粗壮。树皮呈长片状剥落。单叶互生；叶片近圆形，长 7 ～ 15cm，3 ～ 5 裂，基部心形，两侧常靠拢，或多少相互覆叠，边缘有粗齿，两面无毛或背面有短柔毛；叶柄长 4 ～ 8cm。圆锥花序，花淡绿色。浆果椭圆状球形或球形，紫红色或淡黄色，被白粉。花期 5 ～ 6 月，果期 7 ～ 10 月。

果枝

【分布与生境】慈溪各地普遍栽培，新浦产区最集中；浙江和全国各地均有栽培。

【用　途】叶形奇特，硕果晶莹，供经济栽培，轻盐碱土造林，公园、庭园垂直绿化。果实食用，为著名水果；根或藤、叶、果入药；材用。

【相近种】毛葡萄（见 231）；红叶葡萄（见 233）；华东葡萄（见 234）；葛藟（见 235）；光叶蛇葡萄（见 236）。

葡萄植株

果枝

233 红叶葡萄

【学　名】*Vitis erythrophylla*

【科　名】葡萄科 Vitaceae

【形　态】落叶木质藤本。幼枝细。卷须不分枝，稀混生有2叉分枝。单叶互生，叶片与卷须对生；叶片草质或纸质，通常五角状卵形，长3.5～10cm，先端长渐尖，基部浅心形至深心形，边缘有小牙齿，通常在近中部3裂，中间裂片三角形，两侧裂片明显较小，裂片间缺口尖锐，背面紫红色，两面一级脉有极短柔毛，掌状五出脉，背面细脉稍隆起，网脉明显；叶柄长2～5cm，多少被短柔毛。圆锥花序。花期4～5月，果期不详。

叶背

【分布与生境】产于慈溪龙山（达蓬山），生于海拔260m的沟谷林缘灌丛中（宁波新记录）；分布于浙江建德、开化、景宁等地；江西有分布。

【用　途】叶形秀丽，背面紫红色，可供边坡、断面、乱石堆覆绿，公园、庭园垂直绿化，石景美化。葡萄育种资源。

【相近种】毛葡萄（见231）；葡萄（见232）；华东葡萄（见234）；葛藟（见235）；光叶蛇葡萄（见236）。

红叶葡萄枝叶

叶背

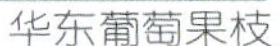
华东葡萄果枝

叶

234 华东葡萄

【别　名】野葡萄

【学　名】*Vitis pseudoreticulata*

【科　名】葡萄科 Vitaceae

【形　态】落叶木质藤本。枝细长，具脱落性灰白色绒毛。单叶互生，叶片与卷须对生；叶片心形、心状五角形或肾形，长 4.4 ～ 12cm，不分裂，有时不明显三浅裂，先端渐尖，基部宽心形，边缘有小锯齿，正面近无毛，背面沿脉有短毛和蛛丝状柔毛，脉腋间有簇毛，叶脉近平或微隆起，网脉不明显；叶柄长 3 ～ 7cm，有灰白色蛛丝状绒毛或变无毛。圆锥花序。浆果球形，熟时先紫色后转黑色，径 6 ～ 8mm。花期 5 ～ 6 月，果期 9 ～ 10 月。

【分布与生境】产于慈溪观海卫等丘陵区，生于海拔 100 ～ 200m 的沟谷林中、林缘或路旁灌草丛中（慈溪新记录）；分布于杭州、台州、丽水等地；苏、沪、皖、赣、湘、桂等省份有分布。

【用　途】枝叶较繁密，叶形清秀，果紫黑相间，秋叶转色，供边坡、断面、乱石堆覆绿，公园、庭园垂直绿化。果可食用；根、茎入药。

【相近种】毛葡萄（见 231）；葡萄（见 232）；红叶葡萄（见 233）；葛藟（见 235）；光叶蛇葡萄（见 236）。

叶背

葛藟果枝

花枝

235 葛　藟

【别　名】葛藟葡萄

【学　名】*Vitis flexuosa*

【科　名】葡萄科 Vitaceae

【形　态】落叶木质藤本。枝细长，无毛。单叶互生，叶片与卷须对生；叶片纸质，下部者扁三角形或心状三角形，长比宽略短或等长，先端尖或锐尖，上部者长三角形，长 4 ～ 11cm，基部浅心形或截形，边缘有低平的三角形牙齿，正面无毛，背面初时中脉及侧脉有蛛丝状毛，以后仅在基部残留开展短毛，脉腋有簇毛；叶柄长达 7cm。圆锥花序。浆果球形，蓝黑色，径约 7mm。花期 5 ～ 6 月，果期 9 ～ 10 月。

【分布与生境】产于慈溪丘陵区各地，生于海拔 400m 以下的山坡、沟谷疏林下、林缘及灌丛中（慈溪新记录）；分布于杭州、衢州、台州等地；华东、中南、西南等省份有分布。

【用　途】枝叶较繁密，叶形清秀，秋叶转色，供边坡、断面、乱石堆覆绿，公园、庭园垂直绿化，石景美化。果可食用；根、藤汁（葛藟汁）、果实入药。

【相近种】毛葡萄（见 231）；葡萄（见 232）；红叶葡萄（见 233）；华东葡萄（见 234）；光叶蛇葡萄（见 236）。

【附　注】藟音 lěi。

光叶蛇葡萄花枝

236 光叶蛇葡萄

成熟果

果枝

【别　名】野葡萄

【学　名】*Ampelopsis sinica* var. *hancei*

【科　名】葡萄科 Vitaceae

【形　态】落叶木质藤本。幼枝和叶无毛，或有长约 0.1mm 的白毛。单叶互生；叶片纸质，卵状阔心形、心状卵形或心形，长与宽几相等，各约 6～8cm，先端渐尖或短尖，基部多心形，不明显 3 浅裂或不裂，边缘有浅圆齿，正面深绿，背面淡绿色，基出脉 5，侧脉约 4 对；叶柄长 3～7cm。聚伞花序。浆果近圆球形，由深绿变紫再转鲜蓝色。花期 6～7 月，果期 9～10 月。

【分布与生境】产于慈溪龙山、浒山等丘陵区，生于山坡疏林中或沟谷溪边灌丛中（宁波新记录）；分布于浙江临安、建德等县市；闽、台、湘、粤、桂等省份有分布。

【用　途】叶色浓绿，叶形秀美，果色丰富，供边坡、断面、乱石堆覆绿，公园、庭园垂直绿化，石景美化。根、藤入药。

【相近种】毛葡萄（见 231）；葡萄（见 232）；红叶葡萄（见 233）；华东葡萄（见 234）；葛藟（见 235）；异叶蛇葡萄（见 237）。

异叶蛇葡萄花枝

237 异叶蛇葡萄

【学　名】*Ampelopsis heterophylla*

【科　名】葡萄科 Vitaceae

【形　态】落叶木质藤本。枝褐色，无毛。单叶互生；叶片坚纸质，宽卵形、心形或近圆形，长、宽均为 7 ～ 15cm，3 ～ 5 中裂或深裂，缺裂宽阔，裂口凹圆，中间 2 缺裂较深，下方两侧缺裂较浅，常有不裂叶，正面鲜绿色，有光泽，无毛，背面淡绿色，脉上稍有毛。聚伞花序。浆果球形，熟时淡黄色或淡蓝色。花期 5 ～ 6 月，果期 8 ～ 9 月。

果枝

【分布与生境】产于慈溪丘陵区各地，生于山坡疏林下、溪谷边灌丛中、路边或宅旁（慈溪新记录）；分布于杭州、宁波、舟山、台州等地；苏、沪、皖、赣、闽、台、鄂、湘、冀、晋、粤、辽等省份有分布。

【用　途】叶形奇特，供边坡、断面、乱石堆覆绿，公园、庭园垂直绿化，石景美化。根皮入药。

【相近种】蘡薁（见 230）；光叶蛇葡萄（见 236）。

238 广东蛇葡萄

【别　名】过山龙

【学　名】*Ampelopsis cantoniensis*

【科　名】葡萄科 Vitaceae

【形　态】落叶或半常绿木质藤本。小枝、叶柄、花序轴被灰色短柔毛；枝具条纹和皮孔。一回羽状复叶互生，或近二回羽状复叶（最下一对小叶为三出羽状复叶）；小叶 3 ～ 10 枚，近革质，侧生小叶卵形或卵状长圆形，长 2.5 ～ 10cm，先端短尖或渐尖，基部钝或近圆形，具稀疏而不明显的钝齿，顶生小叶侧卵形，叶背浅黄褐色，末级网脉清晰而不隆起，正面有光泽。二歧聚伞花序。浆果由红色转深紫色或紫黑色。花期 6 ～ 8 月，果期 9 ～ 11 月。

【分布与生境】产于慈溪丘陵区各地，生于山坡、沟谷林缘或疏林中，常攀援于岩石、灌丛或树上（慈溪新记录）；分布于杭州、宁波、衢州、金华、台州、丽水、温州等地；皖、赣、台、鄂、湘、云、贵、粤、桂等省份有分布。

【用　途】枝繁叶茂，嫩叶带红色，秋叶鲜红色或紫红色，果实色彩丰富，供边坡、断面、乱石堆覆绿，公园、庭园垂直绿化，石景美化。全株入药。

果枝

秋色叶

花枝（蕾期）

广东蛇葡萄生境

不育枝

239 爬山虎

【别　名】地锦、爬墙虎

【学　名】*Parthenocissus tricuspidata*

【科　名】葡萄科 Vitaceae

【形　态】落叶攀援木质藤本。枝较粗壮；卷须短，多分枝，先端膨大成吸盘。叶异形：能育枝上的叶片宽卵形，长 10 ～ 20cm，先端通常 3 浅裂，基部心形，边缘具粗锯齿，背面脉上有少数柔毛或近无毛；不育枝上的叶片常为三全裂或三出复叶，中间小叶片倒卵形，两侧小叶片斜卵形，有粗锯齿；幼枝上的叶片较小而不裂；叶柄长 8 ～ 22cm。聚伞花序。浆果蓝色。花期 6 ～ 7 月，果期 9 月。

【分布与生境】产于慈溪丘陵区各地，常攀援于山坡、沟谷岩石、树干或墙壁上；分布于杭州、宁波、台州、丽水等地；华东、中南、华北及东北各地有分布。

【用　途】枝叶繁茂，层层密布，叶形丰富，幼叶带红色，秋叶常变红色，供边坡、断面、乱石堆覆绿，公园、庭园墙面、屋顶、树干、花架绿化，石景美化。根、茎入药。

爬山虎果枝

花枝（蕾期）

绿爬山虎花枝

240 绿爬山虎

【别　名】青龙藤

【学　名】*Parthenocissus laetevirens*

【科　名】葡萄科 Vitaceae

【形　态】落叶攀援木质藤本。茎较粗壮；卷须具 5 ～ 11 条细长的分枝，末级吸盘常为黑色肥厚的弯钩。掌状复叶互生；小叶 5 枚，有时 3 枚，侧生小叶与中间小叶同型；小叶片倒卵形或椭圆形，长 5 ～ 12cm，先端渐尖，基部楔形，边缘有稀疏粗锯齿，两面无白粉，正面绿色，背面无毛或脉上稍被柔毛，侧脉 7 ～ 10 对，两面凸起；小叶柄长 0.5 ～ 1cm。聚伞花序开展。浆果蓝黑色。花期 6 ～ 8 月，果期 9 ～ 10 月。

掌状复叶

【分布与生境】产于慈溪龙山、匡堰等丘陵区，攀援于山坡崖壁、溪边岩石或墙壁上；分布于杭州、台州、丽水、温州等地；皖、赣、鄂、湘、川、贵、粤、桂等省份有分布。

【用　途】枝繁叶茂，层层密布，秋叶转色，供边坡、断面、乱石堆覆绿，公园、庭园垂直绿化，石景美化。根、藤入药。

花序

树皮

秃瓣杜英花枝

241 秃瓣杜英

【别　名】杜英（通称）

【学　名】*Elaeocarpus glabripetalus*

【科　名】杜英科 Elaeocarpaceae

【形　态】常绿乔木。树体四季常有红叶；嫩枝具棱，红褐色，无毛。单叶互生；叶片纸质，狭倒卵形或倒披针形，长 7 ～ 13cm，先端短渐尖，基部楔形，边缘在中部以上具不明显钝锯齿，两面无毛，侧脉 8 对；叶柄长约 5mm；叶片干后黄绿色。总状花序腋生，花瓣无毛，先端撕裂成流苏状，裂片 14 ～ 18 条。核果椭圆形，蓝黑色，长 1.3 ～ 1.5cm。花期 7 月，果期 10 ～ 11 月。

【分布与生境】产于慈溪龙山、市林场等丘陵区，多散生于海拔 350m 以下湿润的山坡、沟谷林中；分布于杭州、宁波、丽水、台州、温州等地；长江以南各省份有分布。

【用　途】树干通直，冠大荫浓，四季常有红叶，供山区生态林营造，生物防火林带和平原四旁绿化，风景区、公园、庭园观赏。材用。

242 南京椴

【别　名】小叶韧皮树

【学　名】*Tilia miqueliana*

【科　名】椴树科 Tiliaceae

【形　态】落叶乔木。小枝密被灰白色至灰褐色星状绒毛。单叶互生；叶片三角状卵形、卵形或卵圆形，长 5.5 ～ 11cm，先端急尖至渐尖，基部偏斜，心形或截形，边缘具短尖锯齿，正面无毛，背面密被交织的灰白色至灰褐色星状毛；叶柄长 2.5 ～ 6cm，被星状毛；林内萌芽枝上的叶较薄，叶背毛稀疏。聚伞花序下垂，苞片线状长椭圆形，长 5.5 ～ 12cm，总花梗与苞片近中部结合。核果。花期（5）6 ～ 7 月，果期 8 ～ 10 月。

叶

【分布与生境】产于慈溪龙山、掌起、桥头、市林场等丘陵区，生于海拔 200m 以上的山谷坡地林中或林缘（慈溪新记录）；分布于杭州、宁波、台州、舟山等地；苏、皖、赣等省份有分布。

【用　途】嫩叶带红，秋叶黄色，叶形娟秀，苞片奇特，适于山区生态林营造，风景区、公园、庭园绿化观赏。材用；蜜源植物；根皮、树皮、花入药。

南京椴花枝

芽

扁担杆果枝

243 扁担杆

【学　名】*Grewia biloba*

【科　名】椴树科 Tiliaceae

【形　态】落叶灌木。小枝密被黄褐色星状毛。单叶互生；叶片变异大，通常椭圆形或长菱状卵形，长 2.5 ～ 10cm，先端急尖至渐尖，基部楔形至圆形，边缘具不整齐锯齿，正面近无毛，背面疏生星状毛或几无毛。基出脉 3 条；叶柄长 2 ～ 8mm，密被星状毛；托叶线形。聚伞花序与叶对生，花直径约 1cm，花柱长。核果橙红色，老时暗红色，顶端 4 裂或 2 裂。花期 6 ～ 8 月，果期 8 ～ 10 月。

【分布与生境】产于慈溪丘陵区各地，生于海拔 400m 以下的沟谷、溪边之林下、林缘或灌丛中（慈溪新记录）；分布于杭州、宁波、衢州、金华、台州、丽水、温州等地；长江以南各省份有分布。

【用　途】红色果实“两两相并”，异常艳丽，宿存枝头达数月之久，适于山区生态林作下层木混交造林，公园、庭园绿化观赏，果枝可瓶插。纤维植物；果实可食；种子供化工用；根、枝、叶入药。

花枝

花枝（蕾期）

花枝

花与果

244 白背黄花稔

【别　名】金午时花

【学　名】*Sida rhombifolia*

【科　名】锦葵科 Malvaceae

【形　态】亚灌木。枝、叶两面、叶柄、花梗、花萼均被星状毛，叶正面较稀疏。单叶互生；叶片菱状卵形至长圆状披针形，长 20 ～ 45（60）mm，先端钝圆或急尖，基部宽楔形，边缘具锯齿，背面之毛灰白色或绿白色；叶柄长 2 ～ 5mm；托叶刺毛状。花单生于叶腋，花梗中部以上具关节；花冠黄色，雄蕊柱无毛。果半球形，分果瓣 7 ～ 10。花期 8 ～ 9 月，果期 10 ～ 11 月。

【分布与生境】产于慈溪龙山、掌起等丘陵区，生于山麓溪沟边、村旁坡地石隙中、废弃山塘及路边、田塍等处（宁波新记录）；分布于温州等地；闽、台、鄂、琼、川、云、贵、粤、桂等省份有分布。

【用　途】植株低矮，黄花密集，供边坡、断面绿化，公园观赏。全株入药。

白背黄花稔生境

生境　果枝　花　木槿花序

245 木　槿

【别　名】槿漆、朝开暮落

【学　名】*Hibiscus syriacus*

【科　名】锦葵科 Malvaceae

【形　态】落叶灌木。嫩枝被黄褐色星状毛。单叶互生；叶片菱状卵形或三角状卵形，长 4 ～ 8cm，中部以上具深浅不同 3 裂，或不裂，先端渐尖或钝，基部楔形，边缘具不整齐粗齿，主脉 3 条，两面均隆起，背面脉上疏被毛或近无毛；叶柄长 1 ～ 2.5cm；托叶线形。花单生于枝端叶腋，花梗长 4 ～ 14mm；花冠钟形，直径 5 ～ 6cm，淡紫色，具紫红色心；每朵花开放约 1 日，故称“朝开暮落”。蒴果卵圆形。花期 7 ～ 9 月，果期 9 ～ 11 月。

【分布与生境】产于慈溪龙山、掌起、桥头等丘陵区，生于溪沟边或疏林下，平原和沿海常栽培；浙江广泛栽培；原产我国中部，现东北南部至南方各省份均有栽培。

【用　途】枝叶繁茂，花色美丽，娇艳夺目，花期长，适于厂矿区、盐碱土绿化，公园、庭园观赏，也可做绿篱。嫩叶、花可食用；叶可用于洗发；纤维植物；全株入药。

246 梧　桐

【别　名】青桐

【学　名】*Firmiana simplex*

【科　名】梧桐科 Sterculiaceae

顶芽

【形　态】落叶乔木。干形通直，树皮青绿色，平滑。单叶互生；叶片掌状 3 ～ 5 裂，直径 15 ～ 30cm，基部心形，裂片三角形，先端渐尖，全缘，两面无毛或略被短柔毛，基出脉 7 条；叶柄长 7 ～ 30cm。圆锥花序顶生。蓇葖果成熟时开裂成叶状，种子圆球形，褐色。花期 6 月，果期 11 月。

【分布与生境】慈溪各地常栽培，多见于低海拔疏林下或村庄四旁；浙江各地均有栽培，有时呈野生状态；黄河流域以南各省份有分布。

果枝

【用　途】树体高大，冠如巨伞，叶翠枝青，秋叶转色，适于公路、街道、厂矿区、平原四旁绿化，公园、庭园栽培观赏。材用；纤维植物；种子可食；根、叶、花、种子入药。

梧桐花枝

247 大籽猕猴桃

【别　名】猫人参、梅叶猕猴桃

【学　名】*Actinidia macrosperma*

【科　名】猕猴桃科 Actinidiaceae

【形　态】落叶木质藤本。嫩枝淡绿色，无毛或疏被锈褐色短腺毛，老枝具皮孔；髓心白色，实心，有时片层状。单叶互生；幼叶正面中部常具紫斑，老叶近革质，卵形、宽卵形、椭圆形或菱状椭圆形，长 3.5 ～ 9cm，先端渐尖或急尖，基部宽楔形或圆形，边缘有斜锯齿或圆锯齿，背面脉腋常有髯毛；叶柄带淡红色，无毛。花白色，芳香；萼片 2 ～ 3 枚。果圆球形，长 2 ～ 3.5cm，无毛，熟时橘黄色，具辣味。花期 5 月，果期 9 ～ 10 月。

大籽猕猴桃果枝

【分布与生境】产于慈溪龙山、掌起、桥头、匡堰和市林场等丘陵区，生于海拔 350m 以下的山坡、山谷、山麓林中或林缘，以及溪沟边和路边旷地上（慈溪新记录）；分布于杭州、绍兴、宁波、衢州等地；粤、鄂、皖等省份有分布。

【用　途】枝叶浓绿，秋叶转色，适于边坡、断面覆绿，公园、庭园垂直绿化。根俗称“猫人参”，入药。

【相近种】毛花猕猴桃（见 248）；中华猕猴桃（见 249）。

叶背

果实横切面

幼果枝

248 毛花猕猴桃

【别　名】毛杨桃

【学　名】*Actinidia eriantha*

【科　名】猕猴桃科 Actinidiaceae

【形　态】落叶木质藤本。小枝、叶背、叶柄、花序和萼片均密被灰白色或灰黄色星状绒毛，老枝大多残存皮屑状毛；髓心白色，片层状。单叶互生；叶片纸质至厚纸质，卵形至宽卵形，长 6 ～ 15cm，先端短尖至短渐尖，基部截形或圆楔形，稀近心形；叶柄粗壮，长 1.5 ～ 3cm。花淡红紫色，直径 2 ～ 3cm，萼片 2 ～ 3 枚。果椭圆状球形，长 3 ～ 4.5cm，密被灰白色长绒毛。花期 5 ～ 6 月上旬，果期 10 ～ 11 月。

花枝

【分布与生境】产于慈溪横河等丘陵区，生于海拔 100m 以上的山坡、山谷疏林或灌丛中（宁波新记录）；分布于杭州、丽水、温州、衢州、台州等地；赣、闽、湘、贵、粤、桂等省份有分布。

【用　途】枝叶繁茂，花大而美丽，供经济栽培，公园、庭园垂直绿化观赏。果供食用，味极美；根、根皮、叶入药。

【相近种】大籽猕猴桃（见 247）；中华猕猴桃（见 249）。

毛花猕猴桃花枝（侧面）

果枝

249 中华猕猴桃

【别　名】藤铃（慈溪）、藤梨

【学　名】*Actinidia chinensis*

【科　名】猕猴桃科 Actinidiaceae

【形　态】落叶木质藤本。幼枝密被脱落性灰白色短绒毛或锈褐色硬毛状刺毛，老枝皮孔明显，叶痕近圆形，显著隆起；髓心片层状。单叶互生；叶片纸质，宽倒卵形至宽卵形，长 6 ～ 12cm，先端突尖、微凹或截平，基部钝圆、截平或浅心形，具刺毛状小齿，背面密生星状绒毛；叶柄长 3 ～ 6cm。花白色，后变淡黄色，清香，径约 2.5cm，萼片通常 5 枚。果圆球形至长圆状球形，长 4 ～ 5cm，密被脱落性短绒毛。花期 4 ～ 5 月，果期 9 ～ 10 月。

【分布与生境】产于慈溪丘陵区各地，生于海拔 420m 以下的向阳山坡、沟谷溪边之林中或灌丛中；分布于浙江山区、半山区；长江流域以南各省份有分布。

【用　途】枝叶繁茂，叶形奇特，花大而芳香，供经济栽培，边坡、断面覆绿，公园、庭园垂直绿化。果、嫩叶供食用；根、藤、叶、果入药；纤维植物。

【相近种】大籽猕猴桃（见 247）；毛花猕猴桃（见 248）。

花枝与叶背

中华猕猴桃果

果枝

毛花连蕊茶果枝

花枝

250 毛花连蕊茶

【别　名】连蕊茶

【学　名】*Camellia fraterna*

【科　名】山茶科 Theaceae

叶背

【形　态】常绿灌木或小乔木。小枝、顶芽、叶片两面沿中脉（或背面全部）密生柔毛。单叶互生；叶片薄革质，椭圆形至倒卵状椭圆形或椭圆状披针形，长 4 ～ 8.5cm，先端渐尖或尾状渐尖，基部楔形或圆楔形，边缘具锯齿；叶柄长 2 ～ 7mm。花 1 ～ 2 朵顶生兼腋生，白色或多少带红晕，有芳香，直径 3 ～ 4cm。蒴果近球形至球形，直径 1 ～ 1.8cm，苞片与萼片均宿存。花期 3 月，果期 10 ～ 11 月。

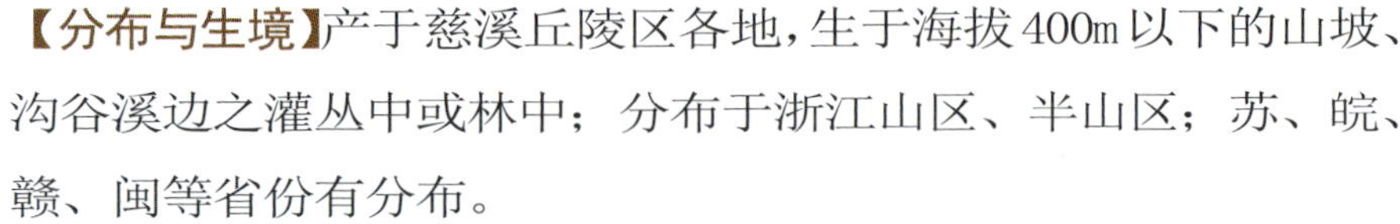
【分布与生境】产于慈溪丘陵区各地，生于海拔 400m 以下的山坡、沟谷溪边之灌丛中或林中；分布于浙江山区、半山区；苏、皖、赣、闽等省份有分布。

【用　途】花白色或带红晕，繁多而芳香，供山区生态林营造，生物防火林带之下层木混交造林，风景区、公园、庭园观赏。蜜源植物；根、叶、花入药。

【相近种】油茶（见 253）。

花枝

花枝

251 红山茶

【别　名】茶花、山茶

【学　名】*Camellia japonica*

【科　名】山茶科 Theaceae

【形　态】常绿小乔木，常灌木状。枝、叶无毛；小枝红褐色。单叶互生；叶片革质，椭圆形至卵状椭圆形，长 6 ～ 12cm，先端急尖至渐尖，基部楔形至宽楔形，边缘具锯齿，正面深绿色，光亮，背面常带黄绿色，侧脉清晰，散生淡褐色木栓疣；叶柄长 8 ～ 15mm。花顶生，红色或稍淡，稀白色，直径 5 ～ 6cm，几无花梗。苞片与萼片均脱落。花期 11 月至翌年 4 月，果期 9 月。

【分布与生境】慈溪丘陵区及中部平原多有栽培；分布于浙江舟山、宁波、台州、温州等地，全省各地均有栽培；长江以南各省份常见栽培。

【用　途】叶色亮绿，花色艳丽，花期持久，为我国传统“十大名花”之一，供山区生态林营造，生物防火林带之下层木混交造林，山地森林公园、风景区、公园、庭园观赏。蜜源植物；根、花入药；种仁供化工用；材用。

【相近种】油茶（见 253）。

红山茶植株

花枝

252 茶

【别　名】茶树

【学　名】*Camellia sinensis*

【科　名】山茶科 Theaceae

【形　态】常绿灌木。小枝有细毛。单叶互生；叶片薄革质，通常椭圆形至长椭圆形，有时上半部略宽，长 4 ～ 10cm，先端短急尖，常钝，基部楔形，边缘有锯齿，正面略呈皱缩状，背面疏生平伏毛或无毛；叶柄长 3 ～ 5mm。花 1 ～ 3 朵腋生或顶生，白色，芳香，直径 2.5 ～ 3.5cm。蒴果近球形或三角状球形，直径 2 ～ 2.5cm。花期 10 ～ 11 月，果期翌年 10 ～ 11 月。

【分布与生境】慈溪丘陵区各地栽培或逸生，生于各海拔段的山坡、山岗、沟谷林下或灌丛中；浙江山区、半山区均有栽培，有时呈野生状；我国秦岭、淮河以南省份及鲁均有分布。

【用　途】枝叶繁茂，四季常绿，白花繁多而芳香，供经济栽培，生物防火林带之下层木混交造林，风景区、公园、庭园观赏。叶制茶后饮用，亦入菜谱，种子榨油供食用，花供食用，又为蜜源植物；芽、叶、根、果实入药。

果枝

花枝

花枝（蕾期）

茶园

253 油　茶

【学　名】*Camellia oleifera*

【科　名】山茶科 Theaceae

【形　态】常绿灌木或小乔木。树干灰褐色至黄褐色，光滑。小枝有毛或后变无毛。单叶互生；叶片革质，通常椭圆形，大小变异显著，长3～10cm，先端急尖至渐尖，基部楔形，两面常沿中脉有毛，或背面无毛；叶柄长4～9mm，有毛。花1～2朵顶生及腋生，白色，直径6～9cm；苞片与萼片早落。蒴果球形、椭圆形或扁球形，直径3～4cm。花期10～12月，果期翌年10～11月。

花枝

【分布与生境】慈溪丘陵区各地栽培或逸生，喜生于海拔400m以下的背风向阳山坡疏林下或林缘；浙江山区、半山区均有栽培；长江以南各省份广泛栽培。

【用　途】枝叶繁茂，繁花洁白，硕果累累，供经济栽培，山区生态林营造，生物防火林带混交造林，山地森林公园、风景区、公园、庭园观赏。种子油供食用；花为蜜源；根皮、花、种子入药；材用。

【相近种】毛花连蕊茶（见250）；红山茶（见251）。

树皮

油茶果枝

木荷花枝

花

254 木　荷

幼果枝

植株

【学　名】*Schima superba*

【科　名】山茶科 Theaceae

【形　态】常绿乔木。树干通直，树冠圆形。树皮纵裂成不规则的长块；小枝暗褐色，皮孔显著；枝、叶无毛。单叶互生；叶片革质，卵状椭圆形至长椭圆形，长 8～14cm，先端急尖至渐尖，基部楔形或宽楔形，边缘具浅钝锯齿；叶柄长 1～2cm；对光可见微小透亮点。花白色，芳香。蒴果扁球形；种子扁平而有翅。花期 6～7 月，果期翌年 10～11 月。

【分布与生境】产于慈溪龙山、掌起、匡堰、市林场等丘陵区，生于海拔 400m 以下的沟谷、山坡林中，系浙江省地带性常绿阔叶林最常见的建群种之一；分布于浙江山区、半山区；华东、中南各省份有分布。

【用　途】树干通直，冠大荫浓，花白而繁，春叶带红色，适于山区生态林营造，生物防火林带和厂矿区绿化，风景区、公园、庭园观赏。材用；树皮和叶供化工用；根皮、叶入药，树皮可做土农药。

果枝

秋色叶

日本厚皮香植株

255 日本厚皮香

【别　名】厚皮香（通称）

【学　名】*Ternstroemia japonica*

【科　名】山茶科 Theaceae

【形　态】常绿小乔木。全体无毛；小枝较粗壮，轮生状。单叶，螺旋状互生，常簇生枝顶；叶片革质，光泽强烈，长椭圆状倒卵形至倒卵形，长 3 ～ 6cm，先端钝圆或稍急短钝尖，基部楔形而下延，边缘微反卷，全缘或在上部具不明显疏钝锯齿，正面中脉常略凹陷，侧脉不明显；叶柄长 5 ～ 10mm，连同中脉常紫红色。花淡黄白色，有香味。果熟时红色，果梗长 1 ～ 2.2cm，下弯。花期 6 ～ 7 月，果期 9 ～ 10 月。

【分布与生境】慈溪各地常栽培；浙江各地见栽培；台湾有分布。

【用　途】树冠浑圆，枝叶茂密，叶厚而富于光泽，入秋后转为暗红色，供生物防火林带混交造林，厂矿区绿化，风景区、公园、庭园观赏。

256 杨　桐

【别　名】红淡比

【学　名】*Cleyera japonica*

【科　名】山茶科 Theaceae

【形　态】常绿小乔木，常呈灌木状。枝、叶无毛。小枝绿色；顶芽发达。单叶互生，排成2列；叶革质，椭圆形或倒卵形，长5～11cm，先端急短钝尖至钝渐尖，基部楔形，全缘，正面具光泽，中脉两面隆起，背面侧脉不明显；叶柄长5～10mm。花1～3朵腋生，白色。浆果球形，果梗长1～2cm。花期6～7月，果期9～10月。

【分布与生境】产于慈溪龙山、掌起等丘陵区，生于海拔150m以上的沟谷溪边、山坡阔叶林或针阔混交林中；分布于浙江山区、半山区；长江以南极大多数省份有分布。

【用　途】叶色浓绿光亮，适于山区生态林营造，生物防火林带之中下层木混交造林，厂矿区绿化，风景区、公园、庭园观赏。材用；蜜源植物；花入药；枝叶加工后销往日本，供祭拜之用。

杨桐果枝

枝叶

257 隔药柃

【别　名】嘞嘞爆（慈溪）、格药柃

【学　名】*Eurya muricata*

【科　名】山茶科 Theaceae

【形　态】常绿灌木。全体无毛；嫩枝圆柱形；顶芽长 0.5 ～ 1cm。单叶互生；叶片革质，椭圆形或长圆状椭圆形，有时倒卵状椭圆形，长 5.5 ～ 10cm，先端渐尖而钝圆，基部楔形，边缘具浅细锯齿；叶柄长 4 ～ 5mm。雌雄异株；花腋生，花药有分隔。果实圆球形。花期 10 ～ 11 月，果期翌年 5 ～ 7 月。

果枝

【分布与生境】产于慈溪丘陵区各地，生于海拔 350m 以下的山坡、谷地之林下或路边灌丛中（慈溪新记录）；分布于浙江西部、南部和东部的大部分丘陵山区；苏、皖、赣、闽、鄂、湘、贵、粤、桂等省份有分布。

枝叶与顶芽

【用　途】叶色浓绿光亮，供山区生态林营造，生物防火林带之下层木混交造林，公园、庭园观赏。蜜源植物；树皮供化工用；茎、叶、果实入药。

【相近种】柃木（见 258）；窄基红褐柃（见 259）。

隔药柃花枝（蕾期）

花枝

柃木花枝（蕾期）

258 柃　木

果枝

【别　名】嘞嘞爆（慈溪）

【学　名】*Eurya japonica*

【科　名】山茶科 Theaceae

【形　态】常绿灌木，有时小乔木状。枝叶无毛；嫩枝具 2 棱，顶芽长 4 ～ 8mm。单叶互生；叶片革质，通常倒卵形或倒卵状椭圆形，长 3 ～ 7cm，先端急尖而钝头，微凹，基部楔形，边缘具粗钝锯齿，背面网脉清晰，干后淡绿色、黄绿色或暗绿色；叶柄长 2 ～ 3mm。雌雄异株；花腋生。果实圆球形，熟时蓝紫色转紫黑色。花期 10 ～ 11 月，果期翌年 5 ～ 8（9）月。

【分布与生境】广泛产于慈溪丘陵区各地，生于海拔 440m 以下的山坡林下、路边及溪边灌丛中（慈溪新记录）；分布于宁波、舟山、台州、温州等沿海地区；苏、台有分布。

【用　途】枝叶繁茂，叶色浓绿光亮，嫩叶带红色，供山区生态林营造，生物防火林带之下层木混交造林，风景区、公园、庭园观赏，也可做绿篱。蜜源植物；枝叶加工后销往日本，供祭拜之用；果供化工用；枝、叶入药。

【相近种】隔药柃（见 257）；窄基红褐柃（见 259）。

窄基红褐柃花枝

叶背

枝叶

259 窄基红褐柃

【别 名】嘞嘞爆（慈溪）、硬叶柃

【学 名】*Eurya rubiginosa* var. *attenuata*

【科 名】山茶科 Theaceae

【形 态】常绿灌木。枝叶无毛；嫩枝粗壮，具强劲 2 棱；顶芽长达 1 ～ 1.8cm。单叶互生；叶片厚革质或坚革质，长椭圆状卵形或长椭圆状披针形，很少椭圆形、长圆状椭圆形或长椭圆状倒卵形，长 4 ～ 8.5cm，先端急尖或渐尖，基部楔形或近圆形，边缘具细锯齿，背面近叶缘网脉清晰，干后正面暗绿色，背面红褐色；叶柄长 2 ～ 4mm。雌雄异株；花腋生。果实圆球形。花期 11 ～ 12 月，果期翌年 4 ～ 7 月。

【分布与生境】产于慈溪丘陵区各地，生于海拔 400m 以下的山坡、谷地之林下或路边灌丛中（慈溪新记录）；分布于浙江大多数山区、半山区；苏、皖、赣、闽、湘、云、粤、桂等省份有分布。

【用 途】叶色浓绿光亮，适于山区生态林营造，生物防火林带之下层木混交造林，公园、庭园观赏。叶、果入药。

【相近种】隔药柃（见 257）；柃木（见 258）。

260 柽 柳

【学 名】*Tamarix chinensis*

【科 名】柽柳科 Tamaricaceae

【形 态】落叶灌木或小乔木。老枝红紫色或暗红色，嫩枝深绿色，小枝纤细，开展而下垂，与叶同脱落。单叶互生；叶片小型，钻形或卵状披针形，长 1 ～ 3mm，先端渐尖或略内弯，基部抱茎，蓝绿色，无柄。总状花序组成大型疏散而下垂的圆锥花序，花粉红色。蒴果。花期在 5 ～ 6 月和 8 ～ 9 月各一次，果期 10 月。

【分布与生境】产于慈溪沿海各地，生于海滨近岸滩涂高处和新围垦涂区盐土上；分布于浙江海宁、海盐、余杭、上虞、余姚、温岭、玉环等县市；我国黄河流域以南各省份有分布。

【用 途】姿态婆娑，枝叶纤秀奇特，多次开花，花繁色艳，花期长，供沿海混交造林，公园、庭园、平原四旁、湿地绿化观赏，也是制作盆景之良材。材用；嫩枝、叶、花入药。

柽柳生境

花枝

柞木果枝

261 柞　木

【别　名】鸟勿停（慈溪）、雕柏（慈溪）、百鸟不立、凿子木

【学　名】*Xylosma congesta*

【科　名】大风子科 Flacourtiaceae

【形　态】常绿乔木，常呈灌木状。树皮条片状翘裂；分枝紧密，幼枝、叶柄具微柔毛；幼时无刺或有刺状短枝，在老树上则变成棘刺。单叶互生；叶片卵形、长圆状卵形至菱状披针形，长 3.5 ～ 9cm，先端渐尖或微钝，基部圆形或楔形，边缘有细锯齿，两面无毛，正面光亮。总状花序腋生，花淡黄色，芳香。浆果球形，熟时黑色。花期 9 月，果期 10 ～ 11 月。

【分布与生境】产于慈溪龙山、掌起、观海卫、匡堰、市林场等地，散生于山坡、沟谷疏林内、山麓路边或村宅旁；分布于杭州、舟山、台州、金华、丽水、温州等地。秦岭以南各省份有分布。

【用　途】树冠分枝紧凑，叶色浓绿光亮，供山区生态林营造，厂矿区绿化，公园、庭园观赏或作盆景。材用；种子供化工用；根、根皮、茎皮、叶入药。

【附　注】慈溪有古树。

棘刺

花枝

树皮

262 芫　花

【学　名】*Daphne genkwa*

【科　名】瑞香科 Thymelaeaceae

【形　态】落叶灌木。小枝紫褐色；嫩枝、叶背面密被脱落性淡黄色绢状毛。单叶对生，偶互生；叶片纸质，椭圆形、椭圆状长圆形至卵状披针形，长 3 ～ 5.5cm，先端急尖，基部楔形，全缘；叶柄密被短柔毛。早春花先叶开放，3 ～ 7 朵簇生，淡紫色或淡紫红色。果白色。花期 3 ～ 4 月，果期 6 ～ 7 月。

【分布与生境】产于慈溪龙山、观海卫、桥头、浒山等丘陵区，生于向阳山坡疏林下、路旁或灌丛中（慈溪新记录）；分布于杭州、绍兴、舟山、衢州、金华、台州等地；苏、皖、赣、台、鄂、湘、川、鲁、豫、陕等省份有分布。

【用　途】花密集，早春先叶开放，淡紫色或淡紫红色，供风景区、公园、庭园之石景点缀美化。花蕾、根、根皮入药；优良纤维植物。

【附　注】全株有毒。

芫花花枝

枝叶

结香植株

263 结 香

【学 名】*Edgeworthia chrysantha*

【科 名】瑞香科 Thymelaeaceae

【形 态】落叶灌木。树皮纤维极发达；枝粗壮，棕红色，常3叉分枝，叶痕显著，幼时被淡黄或灰色绢状柔毛。单叶互生，常簇生枝顶；叶片纸质，椭圆状倒披针形或椭圆状长圆形，长8～15（20）cm，先端急尖或钝，基部楔形而下延，全缘，背面粉绿色，被硬长毛；叶柄长5～8mm。头状花序腋生，下垂，花黄色，外被白色绢状柔毛，早春先叶开放，具浓香。花期3～4月，果期8～9月。

叶痕与残果

【分布与生境】慈溪各地有栽培；分布于杭州、宁波、金华、台州、丽水、温州等地；苏、皖、赣、湘、鄂、川、豫、陕等省份有分布。

【用 途】树姿清雅，先叶开放，花序球形下垂，黄花浓香，供公园、庭园美化观赏，亦可点缀石景或盆栽造型。根、叶、花入药；茎皮纤维系特种纸张造纸材料。

花枝

枝叶

264 大叶胡颓子

【别　名】斑楂

【学　名】*Elaeagnus macrophylla*

【科　名】胡颓子科 Elaeagnaceae

【形　态】常绿灌木，有时藤状。枝无刺；幼枝灰褐色，密被脱落性淡黄白色鳞片。单叶互生；叶片厚纸质或近革质，宽卵形至近圆形，长 4 ～ 9cm，先端钝或钝尖，基部圆或心形，全缘，正面被脱落性银白色鳞片，背面密被鳞片，外观银白色，侧脉 6 ～ 8 对，两面略凸起；叶柄长 15 ～ 25mm，扁圆形，有宽沟，银白色。花 1 ～ 8 朵生于叶腋的短小枝上，白色，芳香。果实长椭圆形，被银白色鳞片，熟时红色。花期 9 ～ 10 月，果期翌年 3 ～ 4 月。

花枝

【分布与生境】产于慈溪观海卫（海黄山）等地，生于滨海山坡灌草丛中或林下；分布于浙江东部沿海岛屿；苏、台、鲁等省份有分布。

【用　途】四季常绿，叶色翠绿，姿态优美，白花芳香四溢，果形奇特，色泽美观，可供风景区、公园、庭园周年观赏。果食用；果实、根、叶入药。

【相近种】蔓胡颓子（见 265）；胡颓子（见 266）；牛奶子（见 267）。

叶背

大叶胡颓子枝叶

265 蔓胡颓子

【别　名】藤胡颓子、斑楂

【学　名】*Elaeagnus glabra*

【科　名】胡颓子科 Elaeagnaceae

【形　态】常绿蔓生或攀援灌木。枝无刺，稀有刺；小枝几乎垂直于茎，密被脱落性锈色鳞片。单叶互生；叶片革质或近革质，卵状椭圆形至椭圆形，长 4～10cm，先端渐尖，基部近圆形或楔形，全缘，微反卷，背面外观灰褐色、黄褐色或红褐色，被褐色鳞片，侧脉 6～8 对，正面明显，背面凸起。花 3～7 朵腋生，淡白色，密被银白色和散生少数锈色鳞片。果实长圆形，密被锈色鳞片，熟时红色。花期 9～11 月，果期翌年 4～5 月。

【分布与生境】产于慈溪丘陵区各地，生于海拔 400m 以下的向阳山坡、沟谷溪边之林中、林缘或灌丛中；分布于浙江山区、半山区；长江流域及闽、台、贵、粤、桂等省份有分布。

【用　途】花密集，红果下垂，小巧可爱，适于边坡、断面、乱石堆覆绿，公园、庭园垂直绿化。果食用；根、叶、果实入药；纤维植物。

【相近种】大叶胡颓子（见 264）；胡颓子（见 266）；牛奶子（见 267）。

花枝

蔓胡颓子生境

果枝

胡颓子成熟果枝

花枝

果枝

266 胡颓子

【别　名】斑楂

【学　名】*Elaeagnus pungens*

【科　名】胡颓子科 Elaeagnaceae

【形　态】常绿直立灌木。枝具棘刺，深褐色；幼枝被脱落性锈褐色鳞片，老枝具光泽。单叶互生；叶片革质，椭圆形、宽椭圆形或长圆形，长 5 ～ 10cm，先端锐尖或钝，基部钝或近圆形，全缘，常微反卷或多少皱波状，正面具脱落性银白色和褐色鳞片，背面外观银白色和散生褐色鳞片，侧脉 7 ～ 9 对。花 1 ～ 3 朵腋生，银白色，密被鳞片，芳香。果实椭圆形，被锈色鳞片，熟时红色。花期 9 ～ 12 月，果期翌年 4 ～ 6 月。

【分布与生境】产于慈溪丘陵区各地，生于海拔 420m 以下的山坡林中、向阳溪谷和村旁路边；分布于浙江山区、半山区；长江流域以南省份多有分布。

【用　途】枝条交错，叶背银色，花香，红果下垂，极为可爱，适于风景区边坡、公园、庭园、厂矿区、轻盐碱土绿化或点缀石景，亦作绿篱或盆景。果可食；根、叶、果实或种子入药；纤维植物。

【相近种】大叶胡颓子（见 264）；蔓胡颓子（见 265）；牛奶子（见 267）。

267 牛奶子

【别　名】斑楂、天青下白

【学　名】*Elaeagnus umbellata*

【科　名】胡颓子科 Elaeagnaceae

【形　态】落叶灌木。枝通常具刺；幼枝、花、果密被银白色鳞片；无顶芽；老枝鳞片脱落，灰黑色。单叶互生；叶片纸质或近膜质，狭椭圆形、椭圆形或倒卵状披针形，长 3 ～ 8cm，先端钝尖，基部圆形或楔形，全缘或多少皱波状，正面具脱落性白色星状短柔毛或鳞片，背面银白色和散生少数褐色鳞片，侧脉 5 ～ 7 对；叶柄长 5 ～ 7mm，银白色。花先叶开放，1 ～ 7 朵簇生，黄白色，芳香。核果近球形，熟时红色。花期 4 ～ 5 月，果期 8 ～ 10 月。

枝叶

花枝

【分布与生境】产于慈溪丘陵区各地，生于各海拔段的山坡疏林中、林缘及沟谷溪边灌丛中；分布于浙江山区、半山区，以东部较常见；华东、西南、华北及鄂、陕、宁、甘、青、辽等省份有分布。

【用　途】叶两面异色，果实红色而密集，供边坡、断面覆绿，厂矿区和轻盐碱土绿化，风景区、公园、庭园观赏，点缀石景或制盆景。果可食；根、叶、果实入药。

【相近种】大叶胡颓子（见 264）；蔓胡颓子（见 265）；胡颓子（见 266）。

牛奶子成熟果枝

紫薇花枝

268 紫　薇

银薇

【别　名】怕痒树

【学　名】*Lagerstroemia indica*

【科　名】千屈菜科 Lythraceae

【形　态】落叶灌木或小乔木。树皮片状剥落，树干灰白色与灰褐色相间，光滑；枝干多扭曲，小枝具四棱，略成翅状。单叶互生，有时对生或近对生；叶片纸质，椭圆形、宽长圆形或倒卵形，长 3 ～ 7cm，先端短尖或钝圆，有时微凹，基部宽楔形或近圆形，无毛或背面沿中脉具微柔毛，侧脉 3 ～ 7 对；叶柄无或很短。顶生圆锥花序，花红色、蓝紫色或白色。花期（6）7 ～ 9 月，果期 9 ～ 11 月。

树皮

【分布与生境】慈溪各地广泛栽培；分布于浙江各地；华东、中南、西南及辽、吉、冀、陕等省份有分布。

【用　途】树干斑驳而光滑，花色丰富而艳丽，花序大，花期长，适于边坡、断面覆绿，风景区、厂矿区、道路、轻盐碱土绿化，公园、庭园观赏，石景点缀或盆景制作。材用；树皮、茎、叶、花、根、根皮入药。

【相近种】浙江紫薇（见 269）。

翠微

【附　注】常见栽培品种有花白色的银薇（*L. indica* ‘Alba’）和花蓝紫色的翠微（*L. indica* ‘Rubra’）。

浙江紫薇花枝

果实与种子

269 浙江紫薇

枝叶

树皮

【学　名】*Lagerstroemia chekiangensis*

【科　名】千屈菜科 Lythraceae

【形　态】落叶灌木或小乔木。树皮条片状细裂，宿存而粗糙；小枝圆柱形，密被灰黄色柔毛；叶背各级网脉、叶柄、花轴、花梗、花萼均密被柔毛。单叶对生或近对生；叶片质较厚，矩圆状倒卵形、长圆形或长圆状卵形，长 6 ～ 18cm，先端短渐尖或急尖，基部短尖或圆形，正面几无毛或疏生短柔毛，侧脉 12 ～ 17 对，有明显的横行小脉；叶柄长 2 ～ 5mm。圆锥花序，花淡红紫色。蒴果卵圆形，褐色，光亮。花期 6 ～ 9 月，果期 8 ～ 11 月。

【分布与生境】产于慈溪龙山、观海卫、横河等丘陵区，生于海拔 60 ～ 300m 的溪边和山坡灌木丛中（慈溪新记录）；分布于浙江杭州、绍兴、金华、台州和温州等地。

【用　途】花序大，花色艳丽，花期长，秋叶转红，适于风景区、公园、庭园观赏。材用。

【相近种】紫薇（见 268）。

270 喜　树

【学　名】*Camptotheca acuminata*

【科　名】蓝果树科 Nyssaceae

【形　态】落叶乔木。树皮灰色至浅灰色，纵裂成浅沟状；当年生小枝紫绿色，被脱落性绒毛。单叶互生；叶片纸质，卵状长椭圆形或椭圆状卵形，长 5 ～ 17cm，先端渐尖，基部近圆形或宽楔形，全缘，背面沿脉密生灰色匀细短柔毛，侧脉 10 ～ 15 对，弧状平行，显著；叶柄长 1.5 ～ 3cm。头状花序再组成圆锥花序。果长圆形，熟时褐色。花期 7 月，果期 9 ～ 11 月。

叶背

【分布与生境】慈溪各地有栽培；杭州、台州、丽水、温州等地有栽培或逸生；长江流域以南各省份有分布。

【用　途】树姿端直，叶形美观，果形奇特，秋叶转黄，为优良观赏树种，宜于风景区、公园、郊外公路绿化及用作庭荫树。材用；树枝、树皮、叶、果实或全株入药，抗癌。

【附　注】国家Ⅱ级重点保护野生植物，我国特有种。

喜树果枝

271 八角枫

【别　名】华瓜木

【学　名】*Alangium chinense*

【科　名】八角枫科 Alangiaceae

【形　态】落叶小乔木。树皮淡灰色；小枝略呈“之”字形曲折，无毛或初被疏毛。单叶互生；叶片近圆形、椭圆形或卵形，长 12 ～ 20（25）cm，不裂或 3 ～ 7（9）裂，裂片短锐尖或钝尖，基部极偏斜，宽楔形、截形，稀近心形，叶缘无锯齿，背面叶腋有簇毛，基出脉 3 ～ 5 条；叶柄长 2.5 ～ 3.5cm。聚伞花序有花 7 ～ 30 朵或更多，花瓣长 1 ～ 1.5cm。核果近球形，长 6 ～ 7mm，熟时亮黑色。花期 5 ～ 7 月，果期 9 ～ 10 月。

枝叶

果枝

【分布与生境】产于慈溪丘陵区各地，生于沟谷林缘及向阳的山坡疏林中；分布于浙江各地低山丘陵；秦岭以南各省份有分布。

【用　途】叶形奇特，秋叶转色，适于山区生态林营造，风景区、公园、庭园观赏，边坡及厂矿区绿化。侧根、须根、叶、花入药；材用。

【相近种】毛八角枫（见 272）；云山八角枫（见 273）。

八角枫幼果枝

花序

毛八角枫果枝

272 毛八角枫

【学　名】*Alangium kurzii*

【科　名】八角枫科 Alangiaceae

【形　态】落叶小乔木。树皮深褐色；嫩枝、叶、花序被柔毛或短柔毛；小枝疏生灰白色圆形皮孔。单叶互生；叶片近圆形或宽卵形，长 12 ～ 14cm，先端短渐尖，基部偏斜，心形或近于心形，通常不裂，脉腋有簇毛，基出脉 3 ～ 5 条；叶柄长 2.5 ～ 4cm，被黄褐色毛，稀无毛。聚伞花序有花 5 ～ 7 朵，花瓣长 2 ～ 2.5cm。核果椭圆形或长圆形，长 1.2 ～ 1.5cm，熟时深蓝色。花期 5 ～ 6 月，果期 9 月。

【分布与生境】产于慈溪丘陵区各地，生于各海拔段的疏林中（慈溪新记录）；分布于湖州、杭州、宁波、舟山、衢州、台州、丽水、温州等地；苏、皖、赣、湘、贵、粤、桂等省份有分布。

【用　途】枝叶扶疏，花形特异，秋叶转黄，供山区生态林营造，风景区、公园、庭园观赏。根、须根、根皮、叶、花入药；种子供化工用；材用。

【相近种】八角枫（见 271）；云山八角枫（见 273）。

果枝

云山八角枫花枝（蕾期）

273 云山八角枫

【学　名】 *Alangium kurzii* var. *handelii*

【科　名】 八角枫科 Alangiaceae

【形　态】 为毛八角枫的变种。与原种主要区别在于叶片长圆状卵形或椭圆状卵形，较狭，幼枝、叶柄具脱落性毛，叶背有疏毛或仅沿脉有毛，叶柄较短，核果较小，花期 5 月，果期 8 月。

【分布与生境】 产于慈溪丘陵区各地，生于海拔 400m 以下的山坡、谷地疏林中（慈溪新记录）；分布于杭州、宁波、衢州、台州、丽水、金华、温州等地；苏、皖、赣、湘、贵、豫、粤、桂等省份有分布。

【用　途】 枝叶扶疏，树形优美，供山区生态林营造，风景区、公园、庭园观赏。根、须根、根皮、叶、花入药。

【相近种】 八角枫（见 271）；毛八角枫（见 272）。

花序

274 赤　楠

【学　名】*Syzygium buxifolium*

【科　名】桃金娘科 Myrtaceae

【形　态】常绿灌木或小乔木。枝叶无毛；嫩枝有棱角。单叶对生；叶片革质，具透明油点，椭圆形或倒卵形，长 1 ～ 3cm，宽 1 ～ 2cm，先端圆钝，有时具钝尖头，基部宽楔形，侧脉不明显，在近叶缘处汇合成一边脉；叶柄长 2 ～ 3mm。聚伞花序顶生，长约 1cm。浆果球形，直径 5 ～ 7mm，成熟时由紫红转紫黑色。花期 6 ～ 8 月，果期 10 ～ 11 月。

【分布与生境】产于慈溪丘陵区各地，生于海拔 420m 以下的山坡、沟谷林下或灌丛中；分布于浙江山区、半山区；皖、赣、闽、台、湘、贵、粤、桂等省份有分布。

【用　途】枝叶紧凑，叶色浓绿光亮，果实色彩丰富，供山区生态林营造，断面、边坡覆绿，生物防火林带绿化，风景区、公园、庭园观赏及石景点缀，也是制作盆景之良材。材用；果可食；叶、根或根皮入药。

果枝

花枝

赤楠花枝（蕾期）

275 刺　楸

【别　名】刺桐棍（慈溪）

【学　名】*Kalopanax septemlobus*

【科　名】五加科 Araliaceae

【形　态】落叶乔木。树皮灰褐色，纵裂，与枝干密被扁宽皮刺；幼枝常被白粉。单叶，在长枝上互生，在短枝上簇生；叶片纸质，近圆形，直径 10 ～ 25（30）cm，基部心形至截形，掌状（3）5 ～ 9 裂，裂片三角状宽卵形或卵状长椭圆形，边缘具细锯齿，叶背幼时疏生短柔毛，老时无毛，或仅脉上疏被毛；叶柄长 6 ～ 20cm。伞形花序聚生成顶生圆锥花序，长 15 ～ 25cm。果球形，蓝黑色。花期 7 ～ 8（10）月，果期 9 ～ 12 月。

【分布与生境】产于慈溪丘陵区各地，生于海拔 50m 以上的山坡、山谷林中、林缘空旷地、裸岩旁或山脚、路边；分布于杭州、绍兴、宁波、舟山、台州等地；我国除西北少数省份外，均有分布。

【用　途】树皮多皮刺，枝叶茂密，叶形大而奇特，秋叶转色，供山区生态林营造，生物防火林带绿化，风景区、公园、庭园美化观赏。材用（珍贵树种）；嫩叶可食用；种子、树皮供化工用；根或根皮、树皮入药。

叶

果枝

树干皮刺

刺楸生境

中华常春藤果枝

276 中华常春藤

【学　名】*Hedera nepalensis* var. *sinensis*

【科　名】五加科 Araliaceae

【形　态】常绿木质藤本。茎以气生根攀援。全体无毛；一年生枝、叶背、叶柄疏生锈色鳞片。单叶互生；叶二型：不育枝叶三角状卵形或戟形，长（2.5）5～12cm，先端短渐尖或渐尖，基部截形或心形，全缘或3裂；能育枝叶长椭圆状卵形、椭圆状披针形或披针形，先端渐尖或长渐尖，基部楔形，全缘，稀3浅裂；正面具光泽；叶柄长1～8cm。伞形花序，或再组成总状或伞房状。果熟时橙红色或黄色。花期10～11月，果期翌年3～5月。

生境

【分布与生境】产于慈溪丘陵区各地，生于山坡、沟谷林中、林缘，常攀援于树干、岩石、崖壁或墙垣上；分布于浙江各地；华东、华南、西南、华北等省份有分布。

【用　途】叶形奇特，叶色浓绿光亮，果密集而艳丽，适于边坡、断面、石坎、乱石堆覆绿，风景区、公园、庭园垂直绿化。茎叶供化工用；全株入药。

果枝

五加生境

277 五　加

【别　名】细柱五加

【学　名】*Eleutherococcus nodiflorus*

【科　名】五加科 Araliaceae

【形　态】落叶灌木。枝常呈蔓生状；枝条在叶柄基部具扁平下弯的刺。掌状复叶在长枝上互生，在短枝上簇生；叶柄长 3～9cm，无毛，有时具细刺；小叶 5，稀 3～4，中央小叶片最大，倒卵形至倒披针形，长 3～6（14）cm，先端急尖至短渐尖，基部楔形，边缘具细钝锯齿，背面脉腋簇生淡黄色柔毛，侧脉 4～5 对；小叶柄短或近无柄。伞形花序常单生，子房 2（3）室。果扁球形，熟时紫黑色。花期 5 月，果期 10 月。

【分布与生境】产于慈溪丘陵区各地，生于海拔 50m 以上的向阳山坡、路旁灌丛中、阴坡水沟边或阔叶林中；分布于浙江山区、半山区；华中、华东、华南、西南各省份有分布。

【用　途】叶形奇特，秋叶转色，适于断面、边坡覆绿，公园、庭园观赏。根皮入药，名“五加皮”；嫩叶可食；树皮供化工用；枝叶作土农药。

花枝

278 棘茎楤木

【别　名】刺桐棍（慈溪）、红楤木

【学　名】*Aralia echinocaulis*

【科　名】五加科 Araliaceae

【形　态】落叶灌木或小乔木。小枝及茎干密生红棕色细长直刺。二回羽状复叶互生；叶轴和花序轴无刺及刺毛；托叶与叶柄基部合生；羽片有小叶5～9枚；小叶片长圆状卵形至披针形，长5～9（14）cm，两面无毛，背面灰白色，边缘疏生细锯齿，中脉及侧脉在背面常带紫红色。伞形花序组成顶生大型圆锥花序，主轴与分枝常带紫褐色，被脱落性糠屑状毛；花瓣白色。果球形，熟时紫黑色。花期6～7月，果期8～9月。

【分布与生境】产于慈溪横河等地，生于低海拔的山坡疏林中，以及山谷灌丛中较阴处（慈溪新记录）；分布于杭州、宁波、衢州、金华、台州、丽水、温州等地；皖、赣、闽、鄂、湘、川、贵、粤、桂等省份有分布。

【用　途】树干密生皮刺，叶和花序宽大，紫梗黑果，秋叶转色，可供风景区、公园、庭园绿化观赏，石景点缀。嫩芽叶、根皮可食用；根皮入药。

【相近种】楤木（见279）。

【附　注】楤音sǒng。

皮刺

棘茎楤木花枝

生境

楤木果枝

花枝

嫩枝叶

皮刺

279 楤　木

【别　名】刺桐棍（慈溪）、鸟不宿

【学　名】*Aralia elata*

【科　名】五加科 Araliaceae

【形　态】落叶小乔木或灌木。树皮疏生灰白色粗短刺；小枝被黄棕色绒毛，疏生细刺。二至三回羽状复叶互生；叶轴、羽片轴被黄棕色绒毛或无毛；羽片有小叶 5 ～ 13 枚；小叶片卵形、宽卵形或近心形，长 3 ～ 12cm，正面疏生糙伏毛，背面被黄褐色柔毛，脉上尤密，边缘具细锯齿。伞形花序组成顶生大型圆锥花序，主轴与分枝常带紫红色，密生淡黄棕色或灰色短柔毛；花芳香，白色。果球形，熟时黑色或紫黑色。花期 6 ～ 8 月，果期 9 ～ 10 月。

【分布与生境】产于慈溪丘陵区各地，生于各海拔段的山坡、山谷疏林中、林缘、灌丛中或空旷地；分布于浙江各地；华东、华南、西南、华北等省份有分布。

【用　途】树干具皮刺，叶和花序宽大，红梗黑果，秋叶转色，供边坡、断面、沟谷乱石滩覆绿，风景区、公园观赏和石景点缀。嫩芽叶可食用；种子供化工用；根或根皮、枝茎、叶、韧皮部入药。

【相近种】棘茎楤木（见 278）。

280 马银花

【学　名】*Rhododendron ovatum*

【科　名】杜鹃花科 Ericaceae

【形　态】常绿灌木或小乔木。小枝轮伞状分枝；幼枝、叶柄、叶片正面中脉均被短柔毛，有时杂以腺毛。单叶互生，常聚生枝顶；叶片革质，卵形、卵圆形或椭圆状卵形，长 3 ～ 6cm，先端急尖或钝，有凹口，凹口宽 1 ～ 2mm，中间有短尖头，基部圆形，全缘；叶柄长 5 ～ 14mm。花单生枝顶叶腋，花冠淡紫色，上方裂片内有紫色斑点，雄蕊 5 枚。蒴果宽卵形，包围于宿萼内。花期 4 ～ 5 月，果期 8 ～ 9 月。

花蕾

【分布与生境】产于慈溪丘陵区各地，生于海拔 100m 以上的山坡、山岗、山谷林中、林缘或灌丛中；分布于浙江山区、半山区；长江流域以南各省份均有分布。

【用　途】枝叶稠密，花大艳丽，适于山区生态林下层木混交造林，风景区、公园、庭园观赏。花可食用；根入药；杜鹃花育种种质资源。

马银花花枝

叶背

花枝

281 羊踯躅

【别　名】黄喇叭（慈溪）、闹羊花

【学　名】*Rhododendron molle*

【科　名】杜鹃花科 Ericaceae

【形　态】落叶灌木。幼枝、叶柄有短柔毛和柔毛状刚毛，老枝无毛。单叶互生；叶片纸质，长圆形或长圆状倒披针形，长 6 ～ 12cm，先端急尖或钝，具短尖头，基部楔形，边缘密被刺毛状睫毛，两面均被短柔毛，背面尤密，叶脉在背面明显隆起；叶柄长 2 ～ 6mm。伞形式总状花序顶生，有花 5 ～ 10 朵，花叶同放；花冠黄色，内面上方有浅绿色斑点，雄蕊 5 枚。蒴果圆柱状长圆形。花期 4 ～ 5 月，果期 8 ～ 9 月。

【分布与生境】产于慈溪龙山、市林场等丘陵区，生于海拔 200 ～ 400m 的山坡灌丛中或林缘；分布于湖州、杭州、绍兴、金华、宁波、台州、丽水等地；苏、皖、赣、闽、鄂、湘、川、云、粤、桂等省份有分布。

【用　途】花黄色秀丽，供风景区、公园、庭园观赏。根、花、果入药；根、茎、叶作土农药；杜鹃花育种种质资源。

【附　注】全株有剧毒。

羊踯躅花

枝叶

282 杜　鹃

【别　名】山花（慈溪）、映山红

【学　名】*Rhododendron simsii*

【科　名】杜鹃花科 Ericaceae

【形　态】半常绿灌木。小枝、叶片、叶柄密被棕褐色扁平糙伏毛。单叶互生；叶二型：春叶纸质或薄纸质，卵状椭圆形至卵状狭椭圆形，长 2.5 ～ 6cm，先端急尖或短渐尖，基部楔形，全缘；夏叶较小，长 1 ～ 1.5cm，倒披针形，冬季通常不凋落；叶柄长 3 ～ 5mm。花 2 ～ 6 朵簇生枝顶，花冠鲜红色或深红色，上方 1 ～ 3 裂片内有紫红色斑点，雄蕊 10 枚。蒴果卵圆形，被糙伏毛。花期（3）4 ～ 5（6）月，果期 9 ～ 10 月。

【分布与生境】广泛产于慈溪丘陵区各地，生于山顶、山坡灌草丛、疏林、林缘及路边，为酸性土指示植物；分布于浙江山区、半山区；广布于长江流域各省份。

【用　途】花色鲜艳，满山烂漫，供山区特色景观造林，风景区、公园、庭园观赏，亦可盆栽。花可食用；根、叶、花入药；杜鹃花育种种质资源。

【相近种】普陀杜鹃（见 283）。

果枝

叶背

杜鹃花枝

花枝

普陀杜鹃花枝

283 普陀杜鹃

【学　名】*Rhododendron simsii* var. *putuoense*

【科　名】杜鹃花科 Ericaceae

【形　态】为杜鹃（映山红）的变种。与映山红的区别为，花冠紫色，雄蕊 8 ～ 10 枚。

【分布与生境】产于慈溪丘陵区各地，生于山顶、山坡灌草丛、疏林、林缘及路边等处（宁波新记录）；分布于舟山。

【用　途】花色艳丽。其它同映山红。

【相近种】杜鹃（见 282）。

花

284 乌饭树

【学　名】*Vaccinium bracteatum*

【科　名】杜鹃花科 Ericaceae

【形　态】常绿灌木。小枝被脱落性细柔毛；芽圆钝，芽鳞先端不开张而相互紧贴。单叶互生；叶片革质，椭圆形、长圆形或卵状椭圆形，长 3.5 ～ 6cm，先端急尖，基部宽楔形，边缘具细锯齿，两面无毛，中脉有时有微毛，背面中脉上有瘤状刺突，网脉明显；叶柄长 2 ～ 4mm。总状花序腋生，披针形苞片宿存；花冠白色。浆果球形，被细柔毛或白粉，熟时紫黑色。花期 6 ～ 7 月，果期 10 ～ 11 月。

【分布与生境】广泛产于慈溪丘陵区各地，生于各海拔段的山坡、沟谷林下、林缘或灌丛中；分布于浙江山区、半山区；长江以南各省份有分布。

【用　途】嫩叶红色，老叶带紫色或红色，树姿优美，花序美丽，供风景区、公园、庭园观赏。果可生食，叶可做乌米饭，嫩叶可作野蔬；茎皮供化工用；根、果、叶入药。

【相近种】淡红乌饭树（见 285）；江南越橘（见 286）；刺毛越橘（见 287）。

花枝

芽

乌饭树紫色老叶

285 淡红乌饭树

【学　名】*Vaccinium bracteatum* var. *rubellum*

【科　名】杜鹃花科 Ericaceae

【形　态】为乌饭树的变种。与原种的主要区别是其花冠淡红色，花冠筒较狭。

【分布与生境】产于慈溪龙山（伏龙山），生于海拔 240m 的山坡疏林下（宁波新记录）。

【用　途】花色十分美丽，其它基本同乌饭树。

【相近种】乌饭树（见 284）；江南越橘（见 286）；刺毛越橘（见 287）。

花枝

淡红乌饭树花枝

286 江南越橘

【别　名】米饭花

【学　名】*Vaccinium mandarinorum*

【科　名】杜鹃花科 Ericaceae

【形　态】常绿灌木至小乔木。枝叶无毛，嫩枝、叶片正面中脉和叶柄有时有短柔毛；芽鳞先端尖锐而开张。单叶互生；叶片革质，卵状椭圆形、卵状披针形或倒卵状长圆形，长 4 ～ 10cm，先端渐尖至长渐尖，基部宽楔形至圆形，边缘有细锯齿，侧脉约 10 对；叶柄长 3 ～ 5mm。总状花序，披针形苞片早落；花冠白色。浆果球形，熟时红色至深红色，无毛，无白粉。花期 4 ～ 6 月，果期 9 ～ 10 月。

【分布与生境】产于慈溪丘陵区各地，生于海拔 400m 以下的山坡、沟谷林下、林缘或灌丛中；分布于浙江山区、半山区；长江以南各省份有分布。

【用　途】树姿扶疏，花美，供风景区、公园、庭园观赏。叶可食用，果可生食；果、叶入药。

【相近种】乌饭树（见 284）；淡红乌饭树（见 285）；刺毛越橘（见 287）。

江南越橘幼果枝

果枝

花枝

芽

287 刺毛越橘

【学　名】*Vaccinium trichocladum*

【科　名】杜鹃花科 Ericaceae

【形　态】常绿灌木。小枝、花序轴、花梗、花萼密被腺刚毛。单叶互生；叶片革质，形状多变，卵形、卵状椭圆形至倒卵状长圆形，长 4～8cm，先端急尖至渐尖，基部圆形或宽楔形，稀微心形，边缘密生细锯齿，齿尖常成刺芒状，正面中脉有短柔毛，背面脉上有柔毛或硬毛；叶柄长 2～4mm。总状花序，苞片线形或披针形，花后脱落；花冠白色。浆果球形，淡红棕色。花期 5～6 月，果期 8～9 月。

【分布与生境】产于慈溪龙山、横河等丘陵区，生于海拔 100m 以上的山坡、沟谷林下、林缘或灌丛中（慈溪新记录）；分布于浙江瑞安、三门、温岭等县市；赣、闽、贵、粤、桂等省份有分布。

【用　途】嫩叶常呈红色，花色素雅，供风景区、公园、庭园观赏。嫩叶、果可食；果实入药。

【相近种】乌饭树（见 284）；淡红乌饭树（见 285）；江南越橘（见 286）。

刺毛越橘花枝

叶背

枝叶

朱砂根生境

288 朱砂根

【别　名】珍珠伞、黄金万两

【学　名】*Ardisia crenata*

【科　名】紫金牛科 Myrsinaceae

【形　态】常绿小灌木。全体无毛；根肥壮，肉质，外皮微红色。单叶互生，叶常聚生枝顶；叶片椭圆形、椭圆状披针形至倒披针形，长 6 ～ 14cm，先端渐尖或急尖，基部楔形，边缘皱波状，具圆齿，齿缝间有黑色油腺点，两面具点状凸起的腺体，侧脉 12 ～ 18 对，连成不规则的边脉；叶柄长约 1cm。伞形花序或聚伞花序，花冠淡红色。果球形，鲜红色。花期 6 ～ 7 月，果期 10 ～ 11 月。

果枝

【分布与生境】产于慈溪丘陵区各地，生于阴湿阔叶林下、林缘或灌丛中；分布于浙江山区、半山区；皖、赣、闽、湘、粤、桂等省份有分布。

【用　途】株型矮小，枝叶常青，果实鲜艳而密集，经冬不凋，适于风景区、公园、庭园做林下地被，亦供盆栽。根、叶入药；果供化工用。

【相近种】红凉伞（见 289）；紫金牛（见 290）。

红凉伞果枝

289 红凉伞

枝叶

【别　名】铁凉伞

【学　名】*Ardisia crenata* var. *bicolor*

【科　名】紫金牛科 Myrsinaceae

【形　态】为朱砂根的变种。与原种的主要区别为：叶片背面、花梗、花萼均呈紫红色，有的植株叶片两面呈紫红色。

【分布与生境】同朱砂根。

【用　途】株型矮小，叶片单面或两面紫红色，果实鲜艳而密集，经冬不凋，适于风景区、公园、庭园做林下地被，亦供盆栽。根、叶入药。

【相近种】朱砂根（见 288）；紫金牛（见 290）。

290 紫金牛

【别　名】老勿大、平地木、地橘子

【学　名】*Ardisia japonica*

【科　名】紫金牛科 Myrsinaceae

【形　态】常绿矮小灌木。具长而横走的匍匐茎；茎高 20 ～ 30（40）cm，不分枝，密被脱落性短柔毛。单叶对生或轮生，常 3 ～ 4 叶聚生于茎梢；叶片坚纸质，狭椭圆形至宽椭圆形，长 4 ～ 7cm，先端急尖，基部狭楔形至楔形，边缘具细锯齿，散生腺点，细脉网状，仅背面中脉被细毛。叶柄长 6 ～ 10mm。花序近伞形，花冠白色或带粉红色。果鲜红色。花期 5 ～ 6 月，果期 9 ～ 11 月。

【分布与生境】产于慈溪丘陵区各地，常呈小片状生于海拔 400m 以下的山坡、沟谷阴湿阔叶林、毛竹林下，或林缘及灌草丛中；分布于浙江山区、半山区；长江流域以南省份有分布。

【用　途】株型矮小，枝叶常青，果实鲜艳，经冬不凋，为优良地被植物，亦可盆栽观赏。全株入药。

【相近种】朱砂根（见 288）；红凉伞（见 289）。

紫金牛生境

果枝

花枝（蕾期）

291 老鸦柿

【别　名】搣息轮（慈溪，搣音 miè）

【学　名】*Diospyros rhombifolia*

【科　名】柿科 Ebenaceae

【形　态】落叶灌木。树皮褐色，有光泽；枝具刺，幼时被脱落性短毛，无顶芽。单叶互生；叶片纸质，卵状菱形或倒卵形，长 3 ～ 7cm，先端急尖或钝，基部楔形，全缘，常皱波状，沿脉被脱落性黄褐色短柔毛，叶背毛较长；叶柄长 2 ～ 5mm。雌雄异株；花单生叶腋，白色至绿白色。果近球形，径 2 ～ 2.5cm，熟时棕红色；果萼 4 枚，披针形，长 2 ～ 3cm；果梗长 1.5 ～ 2cm。花期 4 ～ 5 月，果期 8 ～ 10 月。

花枝

【分布与生境】产于慈溪丘陵区各地，生于山坡与沟谷林下、林缘、石缝、灌草丛中及村庄四旁；分布于浙江各地；华东各省份有分布。

【用　途】株型矮小，枝叶扶疏，秋果红色，适于风景区、公园、庭园绿化，亦可制作盆景。果实供化工用；根、枝入药。

老鸦柿成熟果枝

未成熟果

浙江柿果枝

叶背

枝叶

花枝

292 浙江柿

【别　名】粉背柿

【学　名】*Diospyros glaucifolia*

【科　名】柿科 Ebenaceae

【形　态】落叶乔木。树皮灰褐色，不规则鳞片状或长方块状纵裂；小枝亮灰褐色，近无毛，灰白色皮孔显著；侧芽钝，具毛。单叶互生；叶片纸质，宽椭圆形、卵形或卵状椭圆形，长 6～17cm，先端急尖或渐尖，基部截形至浅心形，叶基或近先端常具数个大腺点，背面灰白色，无毛或仅叶背有毛，侧脉 6～8 对；叶柄长 1～3.5cm。花冠深红色。果球形，直径 1.5～2.5cm，熟时黄色至浅橙红色；果萼 4 浅裂；果梗极短。花期 5～6 月，果期 8～10 月。

【分布与生境】产于慈溪掌起、观海卫等丘陵区，散生于海拔 350m 以下的山谷、溪边、山坡阔叶林下或灌丛中；分布于湖州、杭州、衢州、台州、丽水、温州等地；苏、皖、赣、闽等省份也有分布。

【用　途】果黄色至浅橙红色，秋叶转色，供山区生态林营造，风景区、公园、庭园观赏。材用；叶、宿萼及果实入药；幼果供化工用。

【相近种】柿树（见 293）；野柿（见 294）。

293 柿　树

叶背

果枝

【别　名】柿黄（慈溪）、紫红柿（慈溪）、方柿（慈溪）

【学　名】*Diospyros kaki*

【科　名】柿科 Ebenaceae

【形　态】落叶乔木。树皮灰黑色，条状纵裂；老枝灰白色，有长圆形皮孔；小枝与叶柄疏被毛。单叶互生；叶片纸质，宽椭圆形、长圆状卵形或倒卵形，长 6 ～ 18cm，先端急尖或突渐尖，基部宽楔形或近圆形，正面绿色有光泽，背面疏生褐色柔毛；叶柄长 1.5 ～ 4cm。雌花单生叶腋，花冠白色，子房无毛。果卵圆形或扁球形，直径 3.5 ～ 8cm，橙黄色或橘红色，具光泽；果萼 4 深裂；果梗粗壮，长 8 ～ 10mm。花期 4 ～ 5 月，果期 8 ～ 10 月。

【分布与生境】产于慈溪丘陵区各地，全境有栽培；分布于浙江各地；全国各省份有分布，常栽培。

【用　途】树形优美，叶色浓绿，秋果满枝头，秋叶转红色，供经济栽培，山区生态林营造，厂矿区、盐碱土绿化，风景区、广场、公园、庭园观赏。果供食用；根、叶、柿霜及柿蒂入药；材用；柿果供化工用。

【相近种】浙江柿（见 292）；野柿（见 294）。

【附　注】慈溪有古树。

柿树果枝

古柿树

枝叶

野柿果枝

294 野　柿

【别　名】柿黄（慈溪）

【学　名】*Diospyros kaki* var. *sylvestris*

【科　名】柿科 Ebenaceae

【形　态】为柿树的变种。与原种的区别为：小枝及叶柄密生黄褐色短柔毛；叶长6～10cm，比柿叶小而薄，少光泽，两面有柔毛；子房有毛；果较小，直径3～5cm。

【分布与生境】产于慈溪丘陵区各地，生于海拔400m以下的山坡、山岗、沟谷次生林下或灌丛中；分布于浙江各地；华东、华南、华中及西南各省份有分布。

【用　途】叶色浓绿，秋果满枝头，秋叶转红色，供山区生态林营造，风景区、公园、庭园观赏。果供食用；根、叶、柿霜及柿蒂入药；材用；柿果供化工用；作柿树的砧木。

【相近种】浙江柿（见292）；柿树（见293）。

叶背

白檀果枝

295 白　檀

【学　名】*Symplocos tanakana*

【科　名】山矾科 Symplocaceae

【形　态】落叶小乔木，常呈灌木状。树皮灰白色，细浅纵裂；嫩枝被脱落性柔毛，老枝灰褐色，皮孔显著。单叶互生；叶片纸质，椭圆形或倒卵状椭圆形，长 4～9.5cm，先端急尖或渐尖，基部宽楔形或楔形，边缘有细锐腺齿，中脉在正面凹下，侧脉近叶缘处向上弧曲网结，幼时两面均被柔毛，后仅背面疏被柔毛，背面灰白色，网脉清晰；叶柄长 0.6～1cm。圆锥花序顶生，花白色，芳香。果熟时黑色，无毛。花期 5～6 月，果期 9 月。

花枝

【分布与生境】产于慈溪丘陵区各地，生于山坡、山谷、溪边、山麓林中、林缘或灌草丛中；分布于浙江山区、半山区；长江以南及华北、东北等省份有分布。

【用　途】白花繁多，芬芳，供山区生态林营造，风景区、公园、庭园绿化观赏。材用；种子供化工用；全株入药；根皮与叶可做土农药。

幼果枝

【相近种】山矾（见 298）。

顶芽

老鼠矢果枝

296 老鼠矢

【别　名】年糕树（慈溪）

【学　名】*Symplocos stellaris*

【科　名】山矾科 Symplocaceae

【形　态】常绿小乔木。树皮灰黑色；芽和幼枝被黄棕色长柔毛；小枝粗壮，髓心中空。单叶互生；叶片厚革质，狭长圆状椭圆形或披针状椭圆形，长 6 ～ 20cm，先端急尖或渐尖，基部宽楔形或稍圆，全缘，叶缘稍背卷，正面深绿色，背面苍白色，中脉和侧脉在正面凹陷；叶柄长 1 ～ 2.5cm。密伞花序腋生或生于二年生枝的叶痕之上，花冠白色。核果长圆形或狭卵形，熟时紫黑色或蓝黑色，似“鼠屎（矢）”，被白粉。花期 4 月，果期 6 月。

【分布与生境】产于慈溪丘陵区各地，生于海拔 400m 以下的林中或林缘；分布于浙江山区、半山区；长江以南各省份均有分布。

【用　途】叶形奇特，叶色浓绿，常于老枝上开花，花素雅，供山区生态林营造，生物防火林带绿化，风景区、公园、庭园观赏。材用；种子供化工用；根入药。

花序与小枝髓心

297 四川山矾

【别　名】黄柴（慈溪）、光亮山矾

【学　名】*Symplocos lucida*

【科　名】山矾科 Symplocaceae

【形　态】常绿乔木。枝、叶无毛；嫩枝绿色或黄绿色，有明显棱角；顶芽显著，先端尖。单叶互生；叶片厚革质或革质，长椭圆形或倒卵状长椭圆形，长 5～15cm，先端急尖至尾状渐尖，基部楔形，边缘疏生锯齿，中脉在两面显著凸起；叶柄长 0.5～1cm；叶片干后呈黄色。密伞花序腋生，花序轴不明显，萼裂片被细微柔毛，花冠白色。核果熟时黑褐色。花期 4～5 月，果期 10 月。

【分布与生境】产于慈溪丘陵区各地，生于海拔 430m 以下的林中或林缘；分布于浙江山区、半山区；长江流域以南各省份有分布。

【用　途】枝繁叶茂，花白色而密集，供山区生态林营造，生物防火林带和厂矿区绿化，风景区、公园、庭园观赏。材用；种子供化工用；全株入药。

花枝

四川山矾成熟果枝

果枝

298 山　矾

【学　名】*Symplocos sumuntia*

【科　名】山矾科 Symplocaceae

【形　态】常绿小乔木，常呈灌木状。幼枝褐色，被脱落性微柔毛，老枝深褐色至黑色。单叶互生；叶片薄革质，干后黄绿色，卵形、卵状披针形或椭圆形，长 4 ～ 8cm，先端通常尾状渐尖，基部宽楔形，边缘具稀疏浅锯齿，中脉在正面 2/3 以下部分凹陷，1/3 以上部分凸起，两面无毛，网脉清晰；叶柄长 4 ～ 10mm。总状花序长 1.5 ～ 3cm，花白色。核果坛状，黄绿色。花期 3 ～ 4 月，果期 6 月。

【分布与生境】产于慈溪丘陵区各地，生于海拔 400m 以下的山坡、沟谷林中、林缘及灌丛中；分布于浙江山区、半山区；长江流域以南各省份有分布。

【用　途】花繁叶茂，白花与映山红以及普陀杜鹃几乎同时开放，红白相映，相得益彰，供山区生态林营造，生物防火林带绿化，风景区、公园、庭园观赏。种子、叶供化工用；根、叶、花入药；根烧灰代白矾作媒染剂；材用。

【相近种】白檀（见 295）。

山矾幼果枝

花枝

299 赛山梅

赛山梅生境

果枝

【别　名】白山龙

【学　名】*Styrax confusus*

【科　名】安息香科 Styracaceae

【形　态】落叶灌木或小乔木。幼枝被脱落性褐色星状毛；叶片两面中脉与侧脉、叶柄、花萼、花瓣、果实均具星状毛。单叶互生；叶片厚纸质，长椭圆形或卵状椭圆形，长5～8.5（11）cm，先端急尖至短尾状渐尖，基部宽楔形，边缘具细小齿突，网脉明显；叶柄长3mm。总状花序，顶生者具花5～6朵，腋生者具花1～3朵，花白色。果实球形，直径8～13mm。花期5～6月，果期9～10月。

【分布与生境】产于慈溪丘陵区各地，生于山坡、山谷林中或灌丛中（慈溪新记录）；分布于杭州、宁波、台州、丽水、温州等地；皖、苏、赣、闽、湘、川、粤、桂等省份有分布。

【用　途】枝叶扶疏，白花繁茂，供山区生态林营造，风景区、公园、庭园观赏。材用；种子油供化工用；叶、果实入药。

花枝

苦枥木花枝

300 苦枥木

【学　名】*Fraxinus insularis*

【科　名】木犀科 Oleaceae

【形　态】落叶乔木。全体无毛；枝灰褐色，散生皮孔；冬芽圆锥形，黑褐色。羽状复叶对生；小叶 3 ～ 5 枚；叶柄长 4 ～ 6cm，沟槽不明显；小叶片革质，长圆形或卵状披针形，长 7 ～ 14cm，先端渐尖或尾状渐尖，基部宽楔形或楔形，边缘有疏钝锯齿或近全缘；侧生小叶柄长 5 ～ 8mm，顶生小叶柄长达 3.4cm。圆锥花序顶生；花瓣白色。翅果。花期 5 ～ 6 月，果期 8 ～ 9 月。

叶背

果枝

【分布与生境】产于慈溪掌起等丘陵区，生于海拔约 250m 的山坡阔叶林中（慈溪新记录）；分布于杭州、绍兴、宁波、衢州、台州、丽水、温州等地；闽、台、鄂、湘、粤、川等省份有分布。

【用　途】枝叶扶苏，秋叶带紫褐色，供风景区、公园、庭院观赏。材用；树皮、枝叶入药。

【相近种】白蜡树（见 301）。

果枝

301 白蜡树

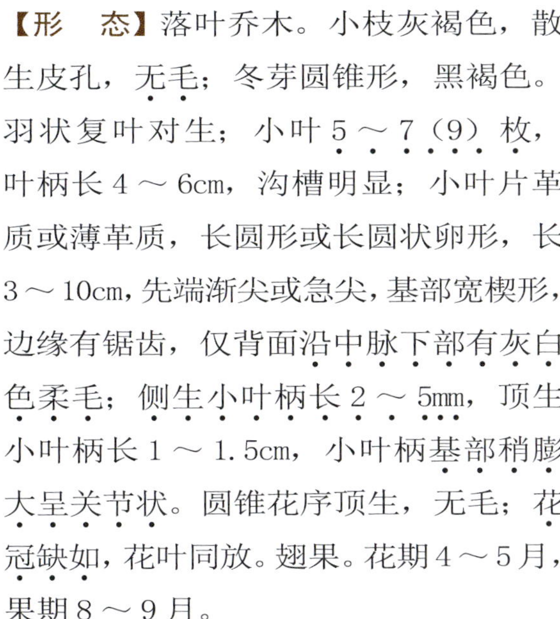

【别　名】梣（梣音 cén）

【学　名】*Fraxinus chinensis*

【科　名】木犀科 Oleaceae

【形　态】落叶乔木。小枝灰褐色，散生皮孔，无毛；冬芽圆锥形，黑褐色。羽状复叶对生；小叶 5 ～ 7（9）枚，叶柄长 4 ～ 6cm，沟槽明显；小叶片革质或薄革质，长圆形或长圆状卵形，长 3 ～ 10cm，先端渐尖或急尖，基部宽楔形，边缘有锯齿，仅背面沿中脉下部有灰白色柔毛；侧生小叶柄长 2 ～ 5mm，顶生小叶柄长 1 ～ 1.5cm，小叶柄基部稍膨大呈关节状。圆锥花序顶生，无毛；花冠缺如，花叶同放。翅果。花期 4 ～ 5 月，果期 8 ～ 9 月。

白蜡树枝叶

【分布与生境】产于慈溪龙山、掌起、观海卫等丘陵区，生于海拔 400m 以下的沟谷溪边、山坡林中、林缘或灌丛中；分布于湖州、杭州、宁波、丽水、温州、台州等地；长江流域、黄河流域、东北、闽、粤等省份有分布。

皮孔与芽

【用　途】枝叶扶疏，秋叶换色，供山区生态林营造，平原四旁、厂矿区、公路、盐碱地、水湿地绿化，风景区、公园、庭园观赏。材用；叶可饲养白蜡虫制取白蜡；树皮、叶、花入药。

【相近种】苦枥木（见 300）。

华东木犀果枝

枝叶

叶背

302 华东木犀

【别　名】宁波木犀

【学　名】*Osmanthus cooperi*

【科　名】木犀科 Oleaceae

【形　态】常绿小乔木或灌木。小枝具重叠芽，皮孔显著；嫩枝、叶柄、叶片正面中脉多少被毛。单叶对生；叶片革质，椭圆形，长椭圆形或长圆状倒卵形，长 6 ～ 9.5cm，先端渐尖或急尖，基部楔形，全缘或萌芽枝有疏锯齿，叶面不皱缩，叶缘稍背卷，正面亮绿色，中脉微凹，背面中脉隆起，两面侧脉通常都不明显；叶柄长 1cm。花簇生或束生于叶腋，花冠白色。核果长圆形。花期 7 ～ 8 月，果期翌年 2 ～ 3 月。

【分布与生境】产于慈溪横河等丘陵区，生于海拔 200 ～ 400m 的山坡林中（慈溪新记录）；分布于杭州、宁波、衢州、台州、丽水、温州、金华等地；苏、皖等省份有分布。

【用　途】枝繁叶茂，四季常青，供山区生态林营造，生物防火林带绿化，风景区、公园、庭园观赏。材用；根、花、果实入药。

【相近种】木犀（见 303）。

303 木　犀

【别　名】桂花

【学　名】*Osmanthus fragrans*

【科　名】木犀科 Oleaceae

【形　态】常绿乔木或小乔木。枝灰褐色，嫩枝灰绿色；枝、叶无毛。单叶对生；叶片革质，长椭圆形或长椭圆状披针形，长 6 ～ 12cm，先端渐尖或急尖，基部楔形，通常上半部有锯齿或疏锯齿至全缘，叶面略皱缩，叶背有细小腺点，侧脉 7 ～ 12 对，正面常微凹，背面凸起，至上部网结；叶柄长 5 ～ 10（15）mm。花簇生或束生于叶腋，花冠淡黄白色，具浓香。核果椭圆形，熟时紫黑色。花期 8 ～ 10 月，果期翌年 2 ～ 4 月。

【分布与生境】慈溪龙山、掌起有野生，见于海拔 150 ～ 200m 的山谷林中，各地广为栽培；分布于浙江淳安、景宁、泰顺、文成、建德、诸暨、庆元等县市；我国长江以南省份有分布，现秦岭、淮河以南广泛栽培，盆栽则可延至更北。

【用　途】树形美观，花芳香，为我国传统“十大名花”之一，供山区生态林营造，生物防火林带和厂矿区绿化，风景区、广场、寺院、学校、公园、庭园观赏。花供食用；花提取香精后，应用领域广泛；根或根皮、花、果实入药；材用。

【相近种】华东木犀（见 302）。

【附　注】慈溪有古树。园艺上依据花色等，可分为：丹桂品种群 *O. fragrans* Aurantiacus Group，花色浅橙黄至橙红；金桂品种群 *O. fragrans* Luteus Group，花色淡黄、金黄至深黄色；银桂品种群 *O. fragrans* Albus Group，花色较浅，呈银白、乳白、绿白、乳黄、黄白色。

古桂花

金桂

银桂

丹桂

304 流苏树

叶背

皮孔

【学　名】*Chionanthus retusus*

【科　名】木犀科 Oleaceae

【形　态】落叶小乔木或灌木。枝灰褐色，嫩枝有短柔毛；冬芽具 4 棱，侧芽常 2 个叠生；皮孔显著。单叶对生；叶片厚纸质，椭圆形或长椭圆形，稀倒卵形，长 2.3 ～ 8cm，先端急尖或圆钝，常微凹，基部宽楔形或楔形，全缘或有微细锯齿，幼时沿中脉被柔毛，后两面无毛，侧脉 4 ～ 6 对，背面网脉凸起呈蜂窝状网络；叶柄长 5 ～ 15mm，有柔毛。聚伞状圆锥花序顶生，花冠白色。核果熟时黑色。花期 4 ～ 5 月，果期 6 月。

【分布与生境】产于慈溪龙山等丘陵区，生于海拔 50 ～ 250m 的向阳山坡、沟谷疏林及灌丛中（慈溪新记录）；分布于杭州、绍兴、金华、丽水、台州等地；我国长江流域以南及晋等省份有分布。

【用　途】树形优美，枝叶扶疏，花形奇特，素雅，花期长，供山区生态林营造，风景区、公园和庭院绿化。材用；嫩叶可代茶；叶入药。

流苏树花枝

305 女　贞

【别　名】大叶女贞（慈溪）、冬青（慈溪）

【学　名】*Ligustrum lucidum*

【科　名】木犀科 Oleaceae

【形　态】常绿乔木。树皮灰色，平滑；枝叶无毛，小枝具皮孔。单叶对生；叶片革质而脆，卵形、宽卵形、椭圆形或椭圆状卵形，长 8 ～ 13cm，先端渐尖或急尖，基部宽楔形，全缘，正面深绿色，背面浅绿色，有腺点，侧脉 5 ～ 7 对；叶柄长 1.5 ～ 2cm。圆锥花序顶生，花近无梗，花冠白色，芬芳。果熟后蓝黑色，被白粉。花期 7 月，果期 10 月至翌年 3 月。

果枝

【分布与生境】产于慈溪各地，生于海拔 400m 以下的沟谷、山坡林中，亦见于平原四旁及沿海；分布于浙江山区、半山区；秦岭以南各省份有分布。

【用　途】枝繁叶茂，四季苍翠，夏季白花满树，芬芳，冬春果实累累，供山区生态林营造，生物防火林带、厂矿区、公路、四旁、盐碱地绿化，风景区、公园、庭院观赏。材用；嫩叶、花可食用，叶可饲养白蜡虫制取白蜡；种子供化工用；果实、叶、树皮、根入药。

【相近种】小蜡（见 306）。

【附　注】慈溪有古树。

花枝

古女贞

小蜡果枝

306 小　蜡

【学　名】*Ligustrum sinense*

【科　名】木犀科 Oleaceae

【形　态】落叶灌木，偶小乔木状。小枝灰色，密被短柔毛，有时果期近无毛。单叶对生；叶片纸质至近革质，长圆形或长圆状卵形，长 2.5 ～ 6cm，先端短渐尖、急尖或钝而微凹，基部宽楔形或楔形，全缘，稍背卷，正面常无毛，中脉、侧脉平坦或微凹，背面至少沿中脉有短柔毛，侧脉 5 ～ 8 对，近叶缘处网结；叶柄长 2 ～ 5mm。圆锥花序顶生，花梗长 2 ～ 4mm，花冠白色。花期 7 月，果期 9 ～ 10 月。

【分布与生境】产于慈溪丘陵区各地，生于低海拔的山坡林中、沟谷溪边、疏林下及灌丛中；分布于浙江山区、半山区；长江以南省份有分布。

【用　途】叶片小巧玲珑，白花繁多，适于风景区、公园、庭园观赏，制盆景，做绿篱，轻盐碱土绿化。纤维植物；嫩叶、花可食用，果供酿酒；种子供化工用；叶入药。

【相近种】女贞（见 305）。

花枝

醉鱼草花与果

花序

307 醉鱼草

【别　名】野刚子

【学　名】*Buddleja lindleyana*

【科　名】马钱科 Loganiaceae

【形　态】落叶灌木。茎丛生；小枝4棱，具窄翅；嫩枝、嫩叶及花序均被棕黄色星状毛和鳞片。单叶对生；叶片卵形至卵状披针形或椭圆状披针形，大小差异显著，长2.5～13cm，先端渐尖，基部宽楔形或圆形，全缘或疏生波状锯齿，正面中脉凹下，侧脉7～14对，两面凸起，近叶缘处网结；叶柄长0.5～1cm。穗状花序顶生，常偏向一侧，下垂，花紫色。蒴果长圆形。花期6～8月，果期10月。

枝叶

【分布与生境】产于慈溪丘陵区各地，生于向阳山坡、沟谷溪边灌丛中及林缘等处；分布于浙江各地；秦岭和淮河以南各省份有分布。

【用　途】枝叶扶疏，花色艳丽，可供公园、庭园观赏。根或全株入药；叶也作土农药。

308 蓬莱葛

【学　名】*Gardneria multiflora*

【科　名】马钱科 Loganiaceae

【形　态】常绿攀援灌木。茎无毛，节上有线状隆起的托叶痕。单叶对生；叶片革质，椭圆形或椭圆状披针形，长4.5～14cm，先端渐尖，基部宽楔形，全缘，略反卷，正面深绿色，具光泽，中脉凹下，侧脉5～8对，在两面均凸起；萌生枝的叶片正面中脉和侧脉常带浅黄色，并网结成具弧图纹；叶柄长5～8mm。2～3歧聚伞花序，腋生，有花5～6朵，花冠黄色。浆果圆球形，成熟时由黄变红色。花期6～7月，果期9月。

【分布与生境】产于慈溪丘陵区各地，生于山坡阴湿处林下、沟谷溪边灌丛中或岩石旁；分布于浙江山区、半山区；苏、皖、赣、台、鄂、湘、川、云、贵、粤、桂等省份有分布。

【用　途】萌枝之叶美观，果色丰富，适于公园、庭园垂直绿化。根、种子、叶入药。

萌枝

花枝（蕾期）

蓬莱葛果枝

309 络　石

【学　名】*Trachelospermum jasminoides*

【科　名】夹竹桃科 Apocynaceae

【形　态】常绿木质藤本。茎具气生根；幼枝、叶片背面、叶柄被脱落性黄色柔毛；老枝红褐色，具皮孔。单叶对生；叶片革质或近革质，椭圆形、宽椭圆形、卵状椭圆形或长椭圆形，长 2 ～ 8.5cm，宽 1 ～ 4cm，先端急尖、钝尖或渐尖，有时微凹，基部楔形或圆形，背面毛逐渐秃净，侧脉 6 ～ 12 对；叶柄长 2 ～ 3mm。花冠白色，高脚碟状，芳香。蓇葖果双生，叉开，披针状圆柱形，长 5 ～ 18cm。花期 4 ～ 6 月，果期 8 ～ 10 月。

【分布与生境】产于慈溪丘陵区各地，生于山坡、沟谷之林缘或林中以及宅旁，常攀援于树干、岩石、崖壁或墙垣上；分布于浙江各地；我国除东北、新、青、藏外均有分布。

【用　途】攀援性强，花洁白、芬芳，适于边坡、断面覆绿，公园、庭园石景点缀，墙垣、树干等垂直绿化，或做地被。花可提取“络石浸膏”；根、叶、茎藤、果实入药；纤维植物。

果枝

花枝

络石气生根

枝叶

厚壳树生境

310 厚壳树

【学　名】*Ehretia acuminata*

【科　名】紫草科 Boraginaceae

【形　态】落叶乔木。树皮灰黑色，不规则纵裂；小枝略呈“之”字形曲折，有短糙毛或近无毛，无顶芽。单叶互生；叶片厚纸质，倒卵形、倒卵状椭圆形、长圆状倒卵形或长圆状椭圆形，长 7～20cm，先端短渐尖或急尖，基部楔形或圆形，边缘有细锯齿，正面疏生短糙伏毛，背面仅脉腋有簇毛，侧脉 5～7 对；叶柄长 0.7～3cm。圆锥花序，花具香气，花冠白色。核果近球形，橘红色。花期 6 月，果期 7～8 月。

【分布与生境】产于慈溪丘陵区各地，散生于沟谷溪边、山坡林中；分布于浙江山区、半山区；华东、华中、华南、西南及鲁、豫等省份有分布。

【用　途】树叶宽大，秋叶转色，供山区生态林营造，平原四旁绿化，风景区、公园、庭园观赏。材用；嫩叶可食用；树皮供化工用；枝、心材、叶入药。

树皮与叶背

311 兰香草

【学　名】*Caryopteris incana*

【科　名】马鞭草科 Verbenaceae

【形　态】亚灌木。小枝圆柱形，被上弯的灰白色短柔毛。单叶对生；叶片厚纸质，卵状披针形或长圆形，长 1.5 ～ 6cm，宽 0.8 ～ 3cm，先端急尖或钝圆，基部宽楔形、近圆形至截形，边缘有粗齿，两面密被稍弯曲的短柔毛；叶柄长 0.5 ～ 1.7cm。聚伞花序紧密，腋生和顶生，花冠蓝紫色或淡紫色，下唇中裂片流苏状。蒴果。花果期 8 ～ 11 月。

花枝

【分布与生境】产于慈溪丘陵区各地，生于海拔 440m 以下的向阳山坡、山岗、山脊的疏林、林缘及路边灌草丛中；分布于浙江山区、半山区；苏、皖、赣、闽、湘、鄂、粤、桂等省份有分布。

【用　途】株型矮小，花繁密，色艳丽，花期长，供边坡、断面覆绿，山脊、岗地绿化，庭园、公园作地被、花镜或点缀石景。根或全株入药。

兰香草生境

华紫珠果枝

花枝

果枝

312 华紫珠

【学　名】 *Callicarpa cathayana*

【科　名】 马鞭草科 Verbenaceae

【形　态】 落叶灌木。小枝纤细，嫩梢和总花梗具星状毛。单叶对生；叶片薄纸质，卵状椭圆形至卵状披针形，长 4 ～ 10cm，先端长渐尖，基部楔形下延，两面近无毛而有红色或红褐色细粒状腺点，边缘密生细钝锯齿；叶柄长 4 ～ 8mm。聚伞花序腋生，3 ～ 4 次分歧，花冠淡紫红色；花萼、花冠、药隔均有红色腺点。果实球形，紫色。花期 6 ～ 8 月，果期 9 ～ 11 月。

【分布与生境】 产于慈溪丘陵区各地，生于海拔 50m 以上的山谷、山坡灌草丛中（慈溪新记录）；分布于湖州、杭州、绍兴、宁波、金华、台州、丽水、温州等地；苏、皖、赣、闽、鄂、云、粤、桂、豫等省份有分布。

【用　途】 枝叶扶疏，夏季花繁叶茂，花淡紫红色，美艳悦目，入秋紫果累累，莹润如珠，玲珑剔透，经冬不凋，适于风景区、公园、庭园观赏。叶、根、果入药。

【相近种】 白棠子树（见 313）；老鸦糊（见 314）。

白棠子树植株

313 白棠子树

【学　名】*Callicarpa dichotoma*

【科　名】马鞭草科 Verbenaceae

【形　态】落叶灌木。小枝略呈四棱形，淡紫红色，嫩枝略有星状毛。单叶对生；叶片纸质，倒卵形，长 3 ～ 6cm，先端急尖或渐尖，基部楔形，边缘上半部疏生锯齿，两面近无毛，背面密生下凹的黄色腺点；叶柄长 2 ～ 5mm。聚伞花序着生于叶腋上方，2 ～ 3 次分歧，花冠淡紫红色。果实球形，紫色。花期 6 ～ 7 月，果期 9 ～ 11 月。

【分布与生境】产于慈溪丘陵区各地，生于低海拔的沟谷溪边、山坡灌草丛中（慈溪新记录）；分布于杭州、宁波、衢州、金华、台州、丽水等地；华东、中南及贵、冀等省份有分布。

【用　途】枝叶扶疏，花淡紫红色，入秋紫果鲜亮，玲珑剔透，适于风景区、公园、庭园观赏，水湿地绿化。叶、根、果入药。

【相近种】华紫珠（见 312）；老鸦糊（见 314）。

花枝

果枝

314 老鸦糊

【学　名】*Callicarpa giraldii*

【科　名】马鞭草科 Verbenaceae

【形　态】落叶灌木。小枝灰黄色；小枝、叶背、花序被星状毛；叶背、花萼、花药被黄色腺点，叶背尤密。单叶对生；叶片纸质，宽椭圆形至披针状长圆形，长 6 ～ 15（19）cm，先端渐尖，基部楔形、宽楔形或下延成狭楔形，边缘具锯齿或小齿，正面近无毛；叶柄长 1 ～ 2cm。聚伞花序 4 ～ 5 次分歧，花冠紫红色。果实球形，紫色。花期 5 ～ 6 月，果期 10 ～ 11 月。

【分布与生境】产于慈溪丘陵区各地，生于海拔 400m 以下的疏林下、溪沟边或灌丛中；分布于浙江山区、半山区；黄河流域以南各省份均有分布。

【用　途】枝叶扶疏，紫红色花冠繁密，入秋紫果鲜亮，玲珑剔透，适于风景区、公园、庭园观赏。全株入药。

【相近种】华紫珠（见 312）；白棠子树（见 313）。

老鸦糊果枝

果枝

花枝

315 臭牡丹

【学　名】*Clerodendrum bungei*

【科　名】马鞭草科 Verbenaceae

【形　态】落叶灌木。植株有臭味。幼枝皮孔明显；小枝髓部无薄片状分隔。单叶对生；叶片纸质，宽卵形或卵形，长 8 ～ 16cm，先端急尖或渐尖，基部通常心形，边缘具粗锯齿或小齿，正面疏生短柔毛，背面脉上疏被柔毛，稀全面被毛或近无毛，基部脉腋有数个盘状腺体；叶柄长 4 ～ 12cm，常有短柔毛和细小腺体。聚伞花序顶生，密集成头状，花冠淡红色或紫红色。核果近球形，熟时蓝黑色。花期 6 ～ 7 月，果期 9 ～ 11 月。

【分布与生境】产于慈溪丘陵区各地，中部平原偶产，生于低海拔的山坡荒地、路边和房舍旁。分布于杭州、宁波、衢州、金华、台州、温州等地；除东北外，几乎遍布全国。

【用　途】叶色浓绿，花序硕大，花色艳丽，适于公园、庭园观赏。根、叶或全株入药；嫩茎叶可食用；植株可驱避白蚁。

【相近种】大青（见 316）；海州常山（见 317）。

花枝

臭牡丹生境

大青生境

316 大　青

【别　名】烂溏鸡屙树（慈溪）、野靛青

【学　名】*Clerodendrum cyrtophyllum*

【科　名】马鞭草科 Verbenaceae

【形　态】落叶灌木或小乔木。枝黄褐色，髓心白色而充实。单叶对生；叶片有臭味，椭圆形、卵状椭圆形或长圆状披针形，长为宽的2倍以上，长8～20cm，先端渐尖或急尖，基部圆形或宽楔形，全缘，萌枝之叶常有锯齿，两面沿脉疏生短柔毛，侧脉6～10对；叶柄长2～6cm。伞房状聚伞花序，花冠白色。果实球形至倒卵形，熟时蓝紫色，具紫色宿存花萼。花果期7～12月。

【分布与生境】产于慈溪丘陵区各地，生于海拔440m以下的林中、林缘、灌丛中、溪沟边及近山平原；分布于浙江各地；长江以南各省份均有分布。

【用　途】叶色浓绿，花白，果萼紫红，花果期长，适于风景区、公园、庭园绿化观赏，或做地被植物。根和叶入药；嫩茎叶可食用。

【相近种】臭牡丹（见315）；海州常山（见317）。

果枝

317 海州常山

【别　名】臭梧桐

【学　名】*Clerodendrum trichotomum*

【科　名】马鞭草科 Verbenaceae

【形　态】落叶灌木，稀小乔木。小枝髓心白色，有淡黄色薄片状分隔。单叶对生；叶片纸质，宽卵形、宽卵状椭圆形或卵形，长 6 ～ 16cm，先端渐尖，基部宽楔形至截形或心形，边缘有不规则齿突或波状全缘；叶柄长 2 ～ 8cm。伞房状聚伞花序，生于枝顶及上部叶腋，舒展，花冠白色，芳香。核果近球形，成熟时蓝黑色，被紫红色果萼所包。花果期 7 ～ 11 月。

果萼与果实

生境

【分布与生境】产于慈溪丘陵区各地，平原、沿海偶见，生于海拔 350m 以下的山坡、溪边灌丛、空旷地、塘坎边及村旁（慈溪新记录）；分布于杭州、宁波、舟山、台州、丽水、温州等地；华东、中南、西南省份，以及华北、东北、西北的部分地区有分布。

【用　途】花形奇特美丽，白花满树而芬芳，花期长，果萼紫红，适于风景区、公园、庭园观赏，盐碱土、厂矿区绿化。带宿萼之花或幼果、叶、根或全株入药；嫩茎叶可食用。

【相近种】臭牡丹（见 315）；大青（见 316）。

海州常山果枝

花枝

枝叶

豆腐柴果枝

318 豆腐柴

【别　名】腐婢

【学　名】*Premna microphylla*

【科　名】马鞭草科 Verbenaceae

【形　态】落叶灌木。小枝被上向柔毛。单叶对生；叶片纸质，揉碎有特殊气味，卵状披针形、椭圆形或卵形，长 4 ～ 11cm，先端急尖或渐尖，基部楔形下延，边缘近中部以上有钝齿或全缘，两面无毛至有短柔毛；叶柄长 0.2 ～ 1.5cm。聚伞花序组成顶生塔形圆锥花序，花冠淡黄色。核果幼时绿色，熟时紫黑色。花期 5 ～ 6 月，果期 8 ～ 10 月。

【分布与生境】产于慈溪丘陵区各地，生于海拔 400m 以下的山坡、沟谷疏林、林缘及灌草丛中；分布于浙江山区、半山区；华东、华中、华南及川、贵等省份有分布。

【用　途】枝叶扶疏，叶色浓绿光亮，黄花美丽，秋叶转色，适于公园、庭园点缀观赏。叶供食用（制豆腐）；叶亦供化工用；根、叶入药。

319 黄　荆

【学　名】*Vinex negundo*

【科　名】马鞭草科 Verbenaceae

【形　态】落叶灌木。小枝四棱形，密被灰黄色短柔毛。掌状复叶对生，小叶 5 枚，少数 3 枚；小叶片长椭圆状披针形，中间者长 6～12cm，宽 1.5～3.5cm，先端渐尖，基部楔形，全缘或每边具 1～2 对粗锯齿，正面绿色，疏生短柔毛，背面灰白色，密被细绒毛；叶柄密被短柔毛。圆锥花序顶生，花冠淡紫色。花果期 6～11 月。

叶背

复叶

【分布与生境】产于慈溪观海卫、匡堰、浒山等丘陵区，生于山坡、路边灌草丛中；分布于湖州、杭州、台州、衢州等地；我国秦岭、淮河以南各省份有分布。

【用　途】叶形奇特，花序密集，花冠淡紫色，供边坡、断面覆绿，山脊、岗地绿化，风景区、公园观赏。嫩叶可食用；蜜源树种；纤维植物；根、茎、叶、果实或种子入药；花和枝叶供化工用。

【相近种】牡荆（见 320）。

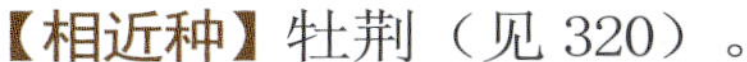

黄荆花枝

320 牡　荆

【学　名】*Vinex negundo* var. *cannabifolia*

【科　名】马鞭草科 Verbenaceae

【形　态】为黄荆的变种。与原种的主要区别为：中间小叶片长6～13cm，宽2～4cm，边缘具粗锯齿，枝条上部的叶片稀全缘，背面淡绿色，疏生短柔毛，圆锥花序长可逾20cm。花果期6～11月。

秋色叶

【分布与生境】产于慈溪丘陵区各地，生于海拔440m以下的山坡、谷地灌草丛中或林中；分布于浙江山区、半山区；秦岭、淮河以南各省份有分布。

【用　途】叶形奇特，嫩叶带红色，秋叶红色，花序巨大，花冠淡紫色，供边坡、断面覆绿，山脊、岗地绿化，风景区、公园观赏，桩景制作。嫩叶可食用；蜜源树种；纤维植物；全株和叶油入药。

【相近种】黄荆（见319）

牡荆花枝

复叶

果枝

果

321 枸 杞

【学 名】*Lycium chinense*

【科 名】茄科 Solanaceae

【形 态】落叶小灌木。主根长，外皮黄褐色。枝条柔弱，常作拱形下垂，幼枝有棱角，有棘刺。单叶互生，或2～4片簇生于短枝上；叶片卵形、卵状菱形、长椭圆形或卵状披针形，长2.5～5cm，先端急尖或钝，基部渐狭成短柄，全缘，略呈波状；叶柄长2～6mm。花单生，或2至数朵簇生；花冠紫色，裂片边缘具缘毛。浆果直径5～7mm，熟时鲜红色。花期6～9月，果期7～11月。

【分布与生境】产于慈溪丘陵区各地，平原及沿海亦可见，生于山坡灌丛中，或旷野、路旁、池塘边、石坎上及宅旁墙脚下；分布于浙江各地；全国均产。

【用 途】叶形小巧，花色美丽，红果常挂枝头，可经济栽培，适于制作盆景，做绿篱或地被植物，也供盐碱地绿化。果实、叶、根皮或根入药；嫩茎叶、果供食用。

枸杞果枝

花枝

花枝

果枝

种子

兰考泡桐花枝

322 兰考泡桐

【别　名】泡桐（通称）、紫花泡桐（通称）

【学　名】*Paulownia elongata*

【科　名】玄参科 Scrophulariaceae

【形　态】落叶乔木。全体具星状绒毛；小枝褐色，有凸起的皮孔。单叶对生；叶片卵状心形，长达 34cm，先端渐尖而狭长，基部心形或近圆形，全缘或有浅裂，有时具不规则的角，正面毛不久脱落，背面灰白或淡灰黄色，密被无柄的树枝状毛。花序金字塔形或狭圆锥形，长 30 ～ 40cm；小聚伞花序的总花梗与花梗等长；花冠紫色至粉红色，腹部有两条明显皱褶，筒内具深紫色细小斑点；花柱长 3 ～ 4cm。蒴果卵形，长 3.5 ～ 5cm，果皮厚 1.5 ～ 2.5mm。花期 4 ～ 5 月，果期 8 ～ 10 月。

【分布与生境】慈溪各地栽培或逸生，生于山坡灌丛、疏林、农田或村落四旁；浙江各地有栽培；河南有野生，苏、皖、鄂、鲁、豫、冀、晋、陕等省份多有栽培。

【用　途】树形优美，冠大荫浓，花繁多而秀美，供风景区、公园、庭园观赏，厂矿区、平原四旁绿化，山地混交造林。材用；花可食用，花、叶可做饲料及肥料；种子供化工用；全株入药。

【相近种】白花泡桐（见 323）；台湾泡桐（见 324）。

323 白花泡桐

【别　名】泡桐（通称）

【学　名】*Paulownia fortunei*

【科　名】玄参科 Scrophulariaceae

【形　态】落叶大乔木。主干通直，树皮灰褐色；幼枝、叶、花序和幼果均密被黄褐色星状绒毛，叶柄、叶片正面和花梗老时无毛。单叶对生；叶片长卵状心形，长达 20cm，长远大于宽，先端长渐尖或急尖，全缘，背面具腺体。花序狭长几成圆柱形，长约 25cm；小聚伞花序的总花梗下部者长于花梗，上部者略短于花梗；花冠白色，背面稍带浅紫色，腹部无明显皱褶，筒内面密布紫色细斑块；花柱长约 5.5cm。蒴果长圆形或长圆状椭圆形，长 6～10cm，果皮厚 3～5mm。花期 3～4 月，果期 7～8 月。

【分布与生境】慈溪观海卫、匡堰等地栽培或逸生，生于山坡、沟谷林中或村宅旁。分布于浙江各地；皖、赣、闽、台、鄂、湘、川、云、贵、粤、桂等省份有分布，鲁、豫、冀、陕等地有引种。

【用　途】树体高大，叶大荫浓，花大而美丽，供风景区、公园、庭园观赏，厂矿区、广场、街坊、公路、平原四旁绿化，山地混交造林。材用；花可食用；叶、花、木材、树皮、嫩根或根皮、近成熟果实入药。

【相近种】兰考泡桐（见 322）；台湾泡桐（见 324）。

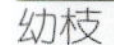
幼枝

花枝

白花泡桐果枝

果枝

台湾泡桐生境

果枝

枝叶

花枝

324 台湾泡桐

【别　名】泡桐（通称）、紫花泡桐（慈溪）、毛泡桐

【学　名】*Paulownia kawakamii*

【科　名】玄参科 Scrophulariaceae

【形　态】落叶小乔木。树冠呈伞形，主干较低；小枝褐灰色，有明显皮孔。单叶对生；叶片心形，大者长达 48cm，先端急尖，全缘或 3 ～ 5 浅裂或有角，两面均有黏毛，老时显现单一粗毛，正面常有腺；叶柄幼时具长腺毛。花序为宽大圆锥形，长可至 1m；小聚伞花序无总梗，或位于下部者具比花梗短的短总梗，花梗长达 1.2cm；花萼深裂至 1/2 以上；花冠紫色至蓝紫色。蒴果卵圆形，长 2.5 ～ 4cm，顶端有短喙，果皮薄，宿存花萼常强烈反卷。花期 4 ～ 5 月，果期 8 ～ 9 月。

【分布与生境】慈溪各地栽培或逸生，生于山坡灌丛、疏林、荒地、乱石堆中或村落四旁；分布于浙江各地；赣、闽、台、鄂、湘、贵、川、粤、桂等省份有分布。

【用　途】树形优美，冠大荫浓，花多而秀丽，供风景区、公园、庭园观赏，厂矿区、平原四旁绿化，山地混交造林。材用；花可食用；叶、花、木材、树皮、嫩根或根皮、近成熟果实入药。

【相近种】兰考泡桐（见 322）；白花泡桐（见 323）。

梓树果枝

树皮

325 梓　树

枝叶

花枝

【别　名】大叶瓣树（慈溪）

【学　名】*Catalpa ovata*

【科　名】紫葳科 Bignoniaceae

【形　态】落叶乔木。树皮灰褐色，纵裂。单叶对生或近对生，有时3叶轮生；叶片宽卵形或近圆形，长10～30cm，先端渐尖，基部圆形或心形，全缘或浅波状，常3浅裂，两面均粗糙，微被柔毛至无毛，有时背面毛较密，沿脉尤密；侧脉4～6对，基部掌状脉5～7条；叶柄长6～18cm。圆锥花序顶生，花冠淡黄色，喉部内面具2条黄色线纹和紫色斑点。蒴果长圆柱形，下垂，长20～35cm，径5～7mm。花期5～6月，果期8～10月。

【分布与生境】产于慈溪掌起（长溪岭），生于溪边阔叶林中，浒山等地见栽培；杭州、临安、余姚、普陀、天台等县市有栽培，偶见野生；长江流域以北各省份有分布。

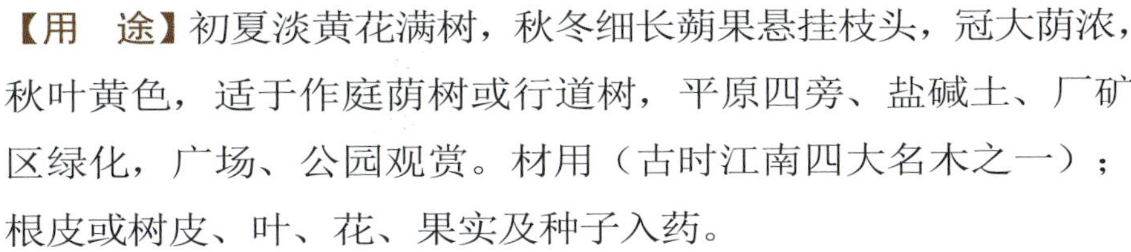

【用　途】初夏淡黄花满树，秋冬细长蒴果悬挂枝头，冠大荫浓，秋叶黄色，适于作庭荫树或行道树，平原四旁、盐碱土、厂矿区绿化，广场、公园观赏。材用（古时江南四大名木之一）；根皮或树皮、叶、花、果实及种子入药。

326 凌　霄

【学　名】*Campsis grandiflora*

【科　名】紫葳科 Bignoniaceae

【形　态】落叶攀援藤本。茎无顶芽，节部有气生根，髓心海绵质，白色。一回奇数羽状复叶对生；小叶片 7 ～ 9 枚，卵形或卵状披针形，长 3 ～ 7cm，先端长渐尖，基部宽楔形，两侧不等大，边缘具粗锯齿，两面无毛，两小叶柄间有淡黄色柔毛。大型圆锥花序疏散，顶生；花萼裂至中部，裂片披针形；花冠漏斗状钟形，长约 5cm，径约 7cm，内面鲜橘红色，外面橙黄色。花期 6 ～ 8（9）月，果期 11 月。

【分布与生境】慈溪各地常见栽培，多攀援于墙垣、花架、篱笆等处；浙江各地均有野生或栽培；黄河流域、长江流域及贵、粤、桂等省份有分布。

【用　途】花大美丽，枝叶茂密，可供垂直绿化、边坡覆绿等。花、根、茎、叶入药。

花枝

凌霄果枝

气生根

花蕾

果枝

327 吊石苣苔

【别　名】石吊兰

【学　名】*Lysionotus pauciflorus*

【科　名】苦苣苔科 Gesneriaceae

【形　态】附生小灌木。茎长 5 ～ 25cm。枝端之叶密集，下部者 3 ～ 4 叶轮生；叶片革质，楔形、楔状线形，有时狭长圆形、狭卵形或倒卵形，长 2.5 ～ 6cm，先端钝或急尖，基部楔形，边缘在中部以上有钝粗锯齿，正面深绿色，中脉明显，在背面凸起，两面无毛；具短柄或近无柄。聚伞花序顶生，花冠白色，稍带紫色，筒内具深紫色条纹。蒴果线形。花期 7 ～ 8 月，果期 9 ～ 10 月。

【分布与生境】产于慈溪龙山（达蓬山）等丘陵区，生于阴湿的峭壁岩缝和岩脚壁下或树上（宁波新记录）；分布于杭州、绍兴、舟山、衢州、台州、丽水、温州等地；秦岭以南各省份有分布。

【用　途】植株小巧，叶片清秀，花色美丽，供悬崖峭壁绿化或作林缘地被。全株入药。

吊石苣苔花枝

钩藤生境

嫩枝叶

花枝

328 钩　藤

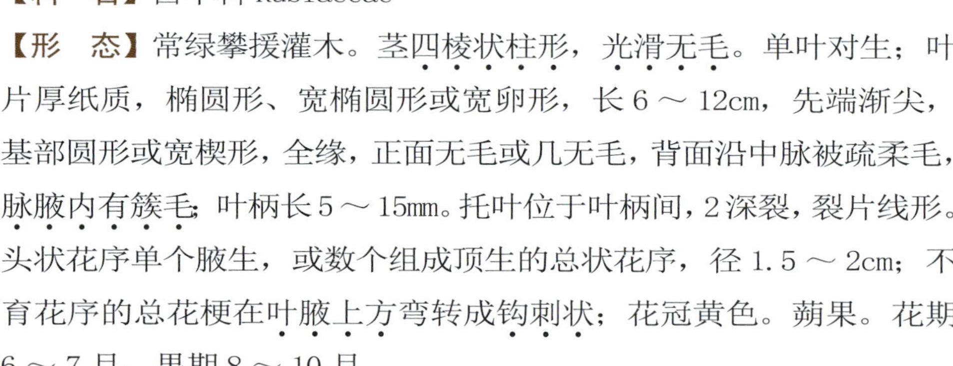

【学　名】*Uncaria rhynchophylla*

【科　名】茜草科 Rubiaceae

【形　态】常绿攀援灌木。茎四棱状柱形，光滑无毛。单叶对生；叶片厚纸质，椭圆形、宽椭圆形或宽卵形，长 6 ～ 12cm，先端渐尖，基部圆形或宽楔形，全缘，正面无毛或几无毛，背面沿中脉被疏柔毛，脉腋内有簇毛；叶柄长 5 ～ 15mm。托叶位于叶柄间，2 深裂，裂片线形。头状花序单个腋生，或数个组成顶生的总状花序，径 1.5 ～ 2cm；不育花序的总花梗在叶腋上方弯转成钩刺状；花冠黄色。蒴果。花期 6 ～ 7 月，果期 8 ～ 10 月。

【分布与生境】产于慈溪掌起、观海卫等丘陵区，生于海拔 400m 以下的山谷坡地疏林下、林缘或灌丛中；分布于杭州、宁波、舟山、衢州、金华、台州、丽水、温州等地；赣、闽、湘、贵、粤、桂等省份有分布。

钩状刺

【用　途】钩状刺独特，花黄色，适于边坡、断面覆绿，山岗、脊地造林，大型棚架、廊架绿化。小枝和钩状刺入药；纤维植物。

果枝
大叶白纸扇生境

329 大叶白纸扇

【学　名】*Mussaenda shikokiana*

【科　名】茜草科 Rubiaceae

【形　态】落叶直立或攀援状灌木。小枝被黄褐色短柔毛，白色皮孔显著；叶痕明显隆起。单叶对生，叶片膜质或薄纸质，宽卵形或宽椭圆形，长8～18cm，先端渐尖至短渐尖，基部长楔形，全缘，两面疏被柔毛，脉上较密，侧脉约9对；叶柄长1～3.5cm，被短柔毛；托叶先端常2裂。伞房式聚伞花序疏散，花具白色花瓣状萼裂片，萼裂片倒卵形，长3～4cm，宽1.5～2cm；花冠黄色。果顶端具环纹。花期6～7月，果期8～10月。

托叶

【分布与生境】产于慈溪观海卫等丘陵区，生于海拔320m以下的沟谷溪边、山坡林下、林缘及灌丛中（慈溪新记录）；分布于杭州、宁波、衢州、金华、台州、丽水、温州等地；长江以南各省份有分布。

【用　途】叶大形美，花形奇特，白色花瓣状萼裂片与黄色花冠交映生辉，适于公园、庭园侧方庇荫的潮湿处绿化观赏。根、茎、叶入药。

花枝

330 栀　子

【别　名】黄栀花（慈溪）、山栀子

【学　名】*Gardenia jasminoides*

【科　名】茜草科 Rubiaceae

【形　态】常绿灌木。小枝绿色，密被垢状毛。单叶对生或3叶轮生；叶片革质，倒卵状椭圆形至倒卵状长椭圆形，稀倒卵状披针形或长椭圆形，长4～12（14）cm，先端渐尖至急尖，有时略钝，基部楔形，全缘，两面无毛，侧脉7～12对；叶柄短于4mm；托叶鞘状。花单生枝顶，花冠高脚碟状，径4～6cm，白色，芳香，裂片在蕾时旋转状排列。果卵形，具5～8条纵棱，橙黄色至橙红色，顶端宿萼裂片长2～3.5cm。花期5～7月，果期8～11月。

【分布与生境】产于慈溪丘陵区各地，生于海拔440m以下的山谷溪边灌丛中、岩石旁及山坡疏林下或林缘；分布于浙江山区、半山区；我国东部、中部和南部各省份有分布。

【用　途】叶色浓绿光亮，树冠常挂带红老叶，花大洁白，馥郁，果色鲜艳，适于庭园和园林观赏。果、花、叶、根入药；花可食用；果供化工用。

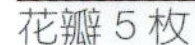

花瓣5枚

花瓣7枚

栀子花枝

果枝

331 狗骨柴

【学　名】*Diplospora dubia*

【科　名】茜草科 Rubiaceae

【形　态】常绿灌木或小乔木。枝叶无毛，芽绿色，一年生枝灰色，二年生以上枝的树皮薄片状剥落，呈锈褐色。单叶对生；叶片近革质，卵状长圆形至长椭圆形，长 6 ～ 13cm，先端急尖至短渐尖，基部楔形，全缘，干后边缘略反卷，正面亮绿色，侧脉 7 ～ 12 对，连同中脉在两面均隆起；叶柄长 5 ～ 8mm；托叶位于叶柄内，基部合生。伞房状聚伞花序腋生，总花梗极短。果成熟时橙红色。花期 5 ～ 6 月，果期 7 ～ 10 月。

花枝

【分布与生境】产于慈溪掌起、观海卫等丘陵区，生于海拔 400m 以下的山坡、沟谷、溪边疏林下、林缘及灌丛中；分布于杭州、宁波、舟山、金华、衢州、台州、丽水、温州等地；我国东南部、南部至西南部均有分布。

【用　途】枝繁叶茂，果色艳丽，供风景区、公园、庭园观赏，山区生态林营造。根入药。

狗骨柴果枝

果枝

332 虎　刺

【别　名】绣花针

【学　名】*Damnacanthus indicus*

【科　名】茜草科 Rubiaceae

【形　态】常绿小灌木。合轴分枝，小枝被糙硬毛，叶柄间逐节对生针状刺，刺长 1 ～ 2cm。根肉质。单叶对生；叶片革质或亚革质，卵形、心形至近圆形，长 1 ～ 2.5cm，先端急尖，基部圆形，略偏斜，全缘，干后反卷，无毛或仅叶背沿中脉疏被柔毛，中脉在正面多少隆起，侧脉不明显；叶柄短，密被柔毛。花 1 ～ 2 朵腋生，花冠白色。果熟时红色。花期 4 ～ 5 月，果期 7 ～ 11 月。

【分布与生境】产于慈溪丘陵区各地，生于海拔 50m 以上的沟谷溪边灌丛中、阔叶林下、竹林下或石隙间；分布于杭州、绍兴、宁波、台州、丽水、温州等地；长江流域以南各省份有分布。

【用　途】株型低矮，四季常青，花白色，红果经冬不凋，适于做园林地被或盆栽观赏。根或全株、花入药；肉质根可食用。

【相近种】短刺虎刺（见 333）。

针刺

果枝

虎刺花枝

333 短刺虎刺

【别　名】大叶虎刺

【学　名】*Damnacanthus giganteus*

【科　名】茜草科 Rubiaceae

【形　态】常绿小灌木。根肉质常呈念珠状缢缩。小枝被稀疏糙硬毛，针状刺对生于叶柄间，或仅生于小枝顶端，刺长1～4mm。单叶对生；叶片亚革质至薄革质，披针形、椭圆状披针形或椭圆形，长4～12cm，先端渐尖至长渐尖，基部楔形或近圆形，全缘，干后微反卷，叶背密布疣状突起，中脉下部在正面下陷，侧脉5～8对；叶柄长2～4mm，被稀疏短糙毛。花2～3朵簇生于叶腋，花冠白色。果熟时红色。花期4～5月，果期8～11月。

【分布与生境】产于慈溪市林场等地，生于海拔200～350m的山谷、溪边林下（慈溪新记录）；分布于浙江诸暨、鄞州、仙居、遂昌、龙泉、景宁、泰顺和平阳等县市。皖、赣、闽、湘、粤、桂等省份有分布。

【用　途】枝叶扶疏，花白色，红果常挂枝头，适于公园、庭园作地被观赏。根或全株入药；肉质根可食用。

【相近种】虎刺（见332）。

短刺虎刺生境

果枝

白马骨生境

334 白马骨

花与幼果

【别　名】山地六月雪

【学　名】*Serissa serissoides*

【科　名】茜草科 Rubiaceae

【形　态】常绿小灌木。小枝灰白色，幼枝、叶片两面中脉被短柔毛。单叶对生；叶片纸质或坚纸质，卵形或长圆状卵形，长 1 ～ 3cm，宽 0.5 ～ 1.2cm，先端急尖，具短尖头，基部楔形至长楔形，全缘，干后稍反卷，有时略具缘毛，叶脉在两面凸起；叶柄极短；托叶膜质，基部宽，先端分裂成刺毛状。花数朵簇生，萼檐裂片钻状披针形，长 3 ～ 4mm；花冠漏斗状，白色，长约 5mm。核果小。花期 7 ～ 8 月，果期 10 月。

【分布与生境】产于慈溪丘陵区各地，生于海拔 50m 以上的山坡、沟谷林下、林缘、灌丛中及石缝中；分布于杭州、宁波、衢州、金华、台州、丽水等地；长江流域以南各省份有分布。

【用　途】株型低矮，花色洁白，适作地被或盆栽观赏。全株或根入药。

羊角藤生境

幼果枝

335 羊角藤

【学　名】*Morinda umbellate* ssp. *obovata*

【科　名】茜草科 Rubiaceae

【形　态】常绿攀援灌木。小枝被脱落性粗短柔毛。单叶对生；叶形变异较大，倒卵状长圆形、长圆形、长圆状披针形至椭圆形，长（4）5～9（12）cm，先端急尖或短渐尖，基部楔形或宽楔形，全缘，两面中脉被短柔毛，背面脉腋内具簇毛，侧脉5～7对，背面隆起；叶柄长（2）4～8（10）mm；托叶合生成鞘，干膜质，长2～5mm。花序顶生，花冠白色。聚花果由花萼参与发育，扁球形或近肾形，熟时红色。花期6～7月，果期7～10月。

成熟果枝

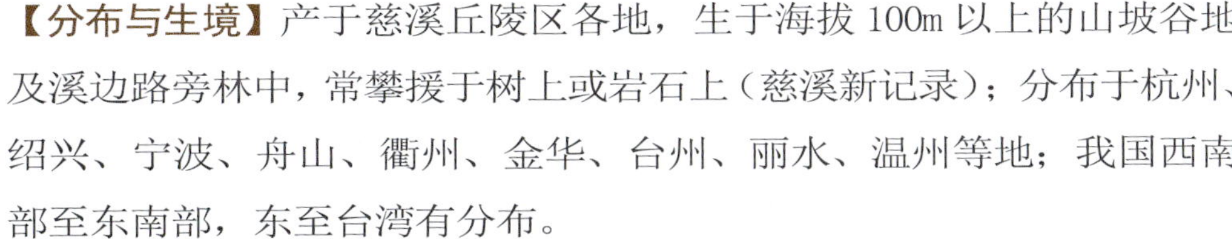

【分布与生境】产于慈溪丘陵区各地，生于海拔100m以上的山坡谷地及溪边路旁林中，常攀援于树上或岩石上（慈溪新记录）；分布于杭州、绍兴、宁波、舟山、衢州、金华、台州、丽水、温州等地；我国西南部至东南部，东至台湾有分布。

【用　途】叶色浓绿，果形奇特，红色，供小型棚架、花架、老树干攀援绿化。根、根皮、叶或全株入药。

336 鸡屎藤

花枝

幼果枝

【学　名】*Paederia scandens*

【科　名】茜草科 Rubiaceae

【形　态】落叶缠绕藤本，半木质。茎灰褐色，被脱落性柔毛。单叶对生；叶片纸质，揉碎有臭味，卵形、长卵形至卵状披针形，长 5 ～ 11（16）cm，先端急尖至渐尖，基部心形至圆形，全缘，正面无毛或沿脉被柔毛，或散被粗毛，背面或沿脉被柔毛，叶脉内具脱落性簇毛，侧脉 4 ～ 6 对，连同中脉两面隆起；叶柄长 1.5 ～ 7cm；花序被疏柔毛，末次分枝上的花呈蝎尾状排列；花冠浅紫色。果熟时蜡黄色，具光泽。花期 7 ～ 8 月，果期 9 ～ 11 月。

【分布与生境】产于慈溪丘陵区各地，平原及沿海亦可见，生于海拔 440m 以下的山坡、沟谷之林缘、疏林下或灌丛中，及墙角、河沿等处；分布于浙江各地；长江流域以南各省份有分布。

【用　途】花朵密集而鲜艳，果实常挂枝头，可供断面、边坡覆绿，墙体、围栏垂直绿化。全株或汁液入药；嫩叶可食用。

【相近种】耳叶鸡屎藤（见 337）。

鸡屎藤成熟果枝

耳叶鸡屎藤果枝

花枝

337 耳叶鸡屎藤

【别　名】长序鸡屎藤

【学　名】*Paederia cavaleriei*

【科　名】茜草科 Rubiaceae

【形　态】落叶缠绕藤本，半木质。茎、叶背、花序密被黄褐色或污褐色柔毛。单叶对生；叶片纸质，卵状椭圆形或长卵状椭圆形，长 6 ～ 12（14）cm，先端短渐尖至渐尖，基部圆形至浅心形，稀楔形而下延，边缘常咀蚀状，正面被粗短毛，沿脉尤甚，侧脉 7 ～ 8 对，连同中脉两面均凸起；叶柄长 1 ～ 5cm，密被柔毛。花序狭窄，花序轴伸长，末次分枝上的花不呈蝎尾状排列；花冠浅紫色。果熟时蜡黄色，光滑。花期 6 ～ 7 月，果期 8 ～ 10 月。

【分布与生境】产于慈溪丘陵区各地，生于海拔 150 ～ 400m 的山坡沟谷林缘、林下与灌丛中（慈溪新记录）；分布于湖州、杭州、宁波、衢州、金华、台州、丽水、温州等地；华东、华中、华南及西南有分布。

【用　途】花朵密集而鲜艳，果实常挂枝头，可供断面、边坡覆绿，石景点缀，墙垣、小型花架垂直绿化。

【相近种】鸡屎藤（见 336）。

338 珊瑚树

【别　名】法国冬青

【学　名】*Viburnum odoratissimum* var. *awabuki*

【科　名】忍冬科 Caprifoliaceae

【形　态】常绿灌木或小乔木。树冠倒卵形；树皮灰褐色，皮孔圆形。单叶对生；叶片革质，倒卵状长圆形至长椭圆形，长 6 ～ 12（16）cm，先端钝或急尖而钝头，有时略凹，基部宽楔形，边缘波状或具波状粗钝锯齿，近基部全缘，正面暗绿色，背面淡绿色，脉腋通常有小孔，具腺体，侧脉 6 ～ 8 对，弧形，近叶缘前网结；叶柄长 1.5 ～ 3.5cm，棕褐色或古铜色。圆锥花序，花芳香。果实鲜红色。花期 5 ～ 6 月，果期 9 ～ 11 月。

【分布与生境】慈溪各地有栽培；浙江普陀、台湾有野生，现湖州、杭州、绍兴、宁波等地及苏、赣、鄂等省份均有栽培。

【用　途】枝繁叶茂，红果形如珊瑚，绚丽可爱，供生物防火林带营造，平原四旁、厂矿区、盐碱土绿化，公园、庭园观赏，做绿篱，或盆栽。材用；根、树皮、叶入药。

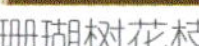

珊瑚树花枝

叶背

果枝

秋色叶

果枝

宜昌荚蒾花枝

339 宜昌荚蒾

【学　名】*Viburnum erosum*

【科　名】忍冬科 Caprifoliaceae

【形　态】落叶灌木。当年生小枝基部有环状芽鳞痕，连同芽、叶柄、花序及花萼均密被星状毛及简单长柔毛。单叶对生；叶片膜质至纸质，卵形、狭卵形、卵状宽椭圆形、长圆形或倒卵形，长 3 ～ 7（10）cm，先端急尖或渐尖，基部微心形至宽楔形，边缘有尖齿，正面被叉状毛或星状毛，中脉下陷，背面被毛或仅沿脉及脉腋处被长伏毛，侧脉 7 ～ 12 对，直达齿端，近基部 1 对侧脉以下区域内有腺体，叶柄长 3 ～ 5mm；托叶线状钻形，宿存。花冠白色。果红色。花期 4 ～ 5 月，果期 9 ～ 11 月。

【分布与生境】产于慈溪丘陵区各地，生于海拔 400m 以下的山坡沟谷林下或灌丛中；分布于浙江山区、半山区；秦岭以南及鲁等省份有分布。

【用　途】枝叶扶疏，白花繁密，果实红艳，供风景区、公园、庭园观赏。根、枝、叶、果入药；果食用；种子供化工用。

【相近种】荚蒾（见 340）。

果枝

荚蒾成熟果枝

340 荚　蒾

【学　名】*Viburnum dilatatum*

【科　名】忍冬科 Caprifoliaceae

【形　态】落叶灌木。当年生小枝基部有环状芽鳞痕，连同芽、叶柄、花序及花萼被土黄色或黄绿色开展粗毛或星状毛。单叶对生；叶片膜纸质至薄纸质，宽倒卵形、倒卵形、椭圆形或宽卵形，长 3 ～ 10（13）cm，先端急尖或短渐尖，基部圆形至钝形或微心形，边缘有波状尖锐牙齿，正面至少沿中脉有毛，中脉稍下陷，背面被毛，或除脉腋有簇毛外，全面散生均匀的黄色至几无色的透亮腺点，侧脉 6 ～ 8 对，直达齿端；叶柄长（0.4）1 ～ 1.5（3.5）cm；无托叶。花冠白色。果红色。花期 5 ～ 6 月，果期 9 ～ 11 月。

芽

【分布与生境】产于慈溪丘陵区各地，生于海拔 400m 以下的山坡沟谷疏林下或山脚灌丛中；分布于浙江山区、半山区；秦岭以南各省份有分布。

【用　途】枝叶扶疏，花白色，果实红艳，供风景区、公园、庭园观赏。根、枝、叶、果入药；果食用；种子供化工用。

【相近种】宜昌荚蒾（见 339）。

接骨木幼果枝

叶背

生境

341 接骨木

【学　名】*Sambucus williamsii*

【科　名】忍冬科 Caprifoliaceae

【形　态】落叶灌木。二年生枝浅黄色，密生粗大皮孔，无毛，髓部淡黄褐色。羽状复叶对生；小叶 3 ～ 7（11）枚，揉碎后有臭味；侧生小叶狭椭圆形、卵圆形至长圆状披针形，长 3.5 ～ 15cm，先端渐尖至尾尖，基部宽楔形至微心形，边缘具细锯齿，中下部有 1 或数枚腺齿，小叶柄短；顶生者卵形或倒卵形，小叶柄长达 2cm；托叶线形或腺体状。圆锥状聚伞花序；花白色或带淡黄色。果熟时红色。花期 4 ～ 5 月，果期 6 ～ 9 月。

【分布与生境】产于慈溪掌起等丘陵区，生于海拔约 200m 的山谷疏林下（慈溪新记录）；分布于杭州、宁波、衢州、台州、丽水、温州等地；华东、华中、华北、东北有分布，西南东部及西北东部亦有。各地常见栽培。

【用　途】叶形优美，春季白花繁密，夏秋红果满枝，供园林观赏。全株入药；嫩枝叶可作野菜。

342 金银忍冬

【别　名】金银木

【学　名】*Lonicera maackii*

【科　名】忍冬科 Caprifoliaceae

【形　态】落叶灌木，有时小乔木状。树皮不规则纵裂，幼枝被短柔毛和微腺毛，小枝髓部黑褐色，后变中空。单叶对生；叶片卵状椭圆形至卵状披针形，稀菱状长圆形至圆卵形，长 3 ～ 8cm，先端渐尖，基部楔形至圆钝，两面疏生柔毛，叶脉、叶柄被腺质短柔毛；叶柄长 2 ～ 8mm。花芳香，花冠白色带紫红色，后变黄色。果圆球形，暗红色。花期 4 ～ 6 月，果期 8 ～ 10 月。

【分布与生境】产于慈溪龙山、掌起等丘陵区，生于溪谷、山坡林中、灌丛中及路旁林缘（慈溪新记录）；分布于杭州、宁波、舟山、温州、台州等地；东北、华北、华东、华中、西南地区及西北东部省份有分布。

【用　途】枝叶扶疏，花芬芳，色彩美丽，果实红艳，适于公园、庭园观赏。花、种子供化工用；根、茎叶、花入药。

【相近种】忍冬（见 343）；菰腺忍冬（见 344）。

金银忍冬花枝（蕾期）

小枝髓心

果枝

343 忍　冬

【别　名】金银花

【学　名】*Lonicera japonica*

【科　名】忍冬科 Caprifoliaceae

【形　态】落叶或半常绿木质藤本。茎皮条状剥落；枝中空，幼枝暗红褐色，密被黄褐色开展糙毛及腺毛。单叶对生；叶片纸质，卵形至长圆状卵形，长 3～5（9.5）cm，先端短尖至渐尖，基部圆形或近心形，具缘毛，两面密被柔毛，下部叶无毛而叶背略带灰绿色；叶柄长 4～8mm，被毛。花双生，苞片叶状，长 2～3cm；花冠白色，后变淡黄，再变金黄，长 2～6cm，外被糙毛和腺毛。果亮黑色。花期 4～6 月，秋季也常开花，果期 10～12 月。

果枝

花蕾

【分布与生境】产于慈溪丘陵区各地，平原及沿海有时亦产，生于海拔 440m 以下山坡、山岗、沟谷、山麓灌丛中、岩石上、堤坎边以及村宅墙缝中；分布于浙江各地；全国均产。

【用　途】枝叶繁茂，藤蔓缠绕，花先白后黄，清香，花期长，供边坡、断面覆绿，花架、花廊、围栏等垂直绿化，轻盐碱土作地被植物，老桩可制盆景。茎叶、花蕾、果实入药；花蕾代茶，也为蜜源植物；花蕾亦供化工用。

【相近种】金银忍冬（见 342）；菰腺忍冬（见 344）。

忍冬花枝

菰腺忍冬花枝

果枝

叶背

344 菰腺忍冬

【别　名】红腺忍冬

【学　名】*Lonicera hypoglauca*

【科　名】忍冬科 Caprifoliaceae

【形　态】落叶木质藤本。幼枝密被淡黄褐色弯曲短柔毛。单叶对生；叶片纸质，卵形至卵状长圆形，长 3 ～ 10cm，先端渐尖，基部圆形或近心形，正面中脉被短柔毛，背面幼时粉绿色，被毛，并密布橙黄色至橘红色的蘑菇形腺体；叶柄长 5 ～ 12mm，密被短糙毛。双花并生或多朵簇生于侧生短枝上，或于小枝顶端集合成总状，花冠白色，基部稍带红色，后变黄色，略香，长 3.5 ～ 4.5cm。果熟时黑色。花期 4 ～ 5 月，果期 10 ～ 11 月。

【分布与生境】产于慈溪掌起、观海卫等丘陵区，生于海拔 150 ～ 250m 的山谷疏林下（慈溪新记录）；分布于杭州、宁波、衢州、台州、丽水、温州等地；皖、赣、闽、台、鄂、湘、川、云、贵、粤、桂等省份有分布。

【用　途】枝叶繁茂，花色丰富，供边坡、断面覆绿，花架、花廊等垂直绿化。嫩枝、花蕾入药；花可食用。

【相近种】金银忍冬（见 342）；忍冬（见 343）。

345 桃枝竹

【别　名】石角竹

【学　名】*Bambusa multiplex* var. *shimadai*

【科　名】禾本科 Gramineae

【形　态】地下茎合轴型。秆丛生，高 3 ～ 6m，直径 1 ～ 2cm，节间长 20 ～ 40cm，初微被白粉，有白色或棕色小刺毛；每节分枝多数，主枝 1 ～ 3 枚。箨鞘厚纸质，硬脆，先端宽拱形，两边对称，初绿色，后淡棕色，外面无毛，内面光滑，长约为节间的 1/4 ～ 3/4；箨耳缺如或微弱；箨舌高 1mm，全缘或具细缺刻；箨片基部与箨鞘先端宽度相等。末级小枝具叶 5 ～ 10 枚，叶鞘无毛；叶舌平，高仅 0.5mm；叶片较狭，两面均具细毛。笋期 8 ～ 11 月。

【分布与生境】产于慈溪龙山、掌起、观海卫、市林场等丘陵区，生于山坡、沟谷疏林下；分布于浙江定海等县市区；台湾等省份有分布。

【用　途】姿态婆娑，可供道路两边、围墙边缘或庭园丛栽。材用。

桃枝竹生境

笋

节上分枝

毛竹林

秆箨与新秆

竹笋

346 毛　竹

【学　名】*Phyllostachys pubescens*

【科　名】禾本科 Gramineae

【形　态】地下茎单轴型。秆散生，大型，初时密被细柔毛和白粉，尤以节下白粉环特别浓厚；秆环不明显，分枝以下箨环微隆起；每节分枝2枚。秆箨厚革质，密被糙毛和深褐色斑点与斑块，箨耳、繸毛、箨舌发达；箨片三角形至披针形，反转。末级小枝具叶4～6枚，叶片小。冬笋期12月至翌年2月，春笋期3～4月。

【分布与生境】慈溪丘陵区各地广泛栽培，多栽于低山丘陵的中下坡，自然扩鞭能力极强；浙江山区、半山区均有分布；秦岭以南省份有分布。

【用　途】竹秆挺拔，枝叶婆娑，四季常青，供经济栽培，片状栽培作景观林或做竹径，或栽作山麓生物防火林带。南方重要用材树种；竹笋供食用；竹沥、根状茎、叶、竹笋入药。

【相近种】花毛竹（见347）。

【附　注】箨音 tuò，繸音 suì。

花毛竹竹秆

347 花毛竹

【学　名】*Phylostachys pubescens* f. *huamozhu*

【科　名】禾本科 Gramineae

【形　态】毛竹的自然变型，外形与毛竹酷似，区别在于：秆具黄绿相间的条纹，叶片有时也具黄色条纹。

【分布与生境】慈溪丘陵区毛竹林中偶见；分布于安吉、德清、上虞、余姚等县市，常小片状散生于毛竹林中。

【用　途】竹秆挺拔，黄绿相间，枝叶婆娑，常开辟专园供园林观赏。其它用途基本同毛竹。

【相近种】毛竹（见 346）。

竹秆

秆

348 龟甲竹

【学　名】*Phylostachys pubescens* 'Heterocycla'

【科　名】禾本科 Gramineae

【形　态】毛竹的栽培品种。秆中部以下的一些节间极为缩短而于一侧肿胀，相邻的节交互倾斜而于一侧彼此上下相接或近于相接，其它性状同毛竹。

【分布与生境】慈溪丘陵区毛竹林中偶见；分布于全省乃至外省份毛竹产区，常零星出现于毛竹林中，少有成片生长。

【用　途】节间交互肿胀外凸，供园林观赏。

秆

龟甲竹植株

斑竹分枝

叶

箨鞘

349 斑　竹

【学　名】*Phyllostachys bambusoides* f. *lacrima-deae*

【科　名】禾本科 Gramineae

【形　态】地下茎单轴型。秆散生，高 6 ～ 12m，直径 3 ～ 8cm；秆具紫褐色斑块或斑点，分枝也有紫褐色斑点；每节分枝 2 枚。箨鞘黄褐色，有紫褐色斑点与斑块，无毛或疏生直立脱落性刺毛；箨耳小，1 枚或 2 枚，镰形或长倒卵形，有数枚流苏状縫毛；箨舌微弧形，宽而短，先端有密集的绿紫色纤毛；箨片平直或微皱，中间绿色，两侧淡紫红色，边缘橘黄色。末级小枝具叶（2）3 ～ 4 枚；叶耳边缘有明显的放射状縫毛。笋期 5 ～ 6 月。

【分布与生境】慈溪各地有栽培，长溪岭较集中；分布于浙江建德、桐庐等县市；豫也有分布。

【用　途】竹秆紫褐色斑块或斑点独特，植株姿态优美，四季常绿，供风景区、寺院、学校、公园、庭园等绿化观赏，盆栽亦美。笋味苦、可食；材用。

350 高节竹

【别　名】赖哺鸡娘竹（慈溪）、赖哺窠（慈溪）

【学　名】*Phyllostachys prominens*

【科　名】禾本科 Gramineae

【形　态】地下茎单轴型。秆散生，高 7 ～ 10m，直径 4 ～ 7cm，节间长 18 ～ 24cm，收缩，新秆无白粉；秆环强烈隆起；箨环隆起；分枝 2 枚。箨鞘淡褐黄色，或带淡红边，边缘褐色，密生黑褐色斑点，近顶部尤密，疏生白毛，下部斑点呈块状；箨耳长圆形或镰刀状，长达 1.5cm，紫黑色，先端波状，疏生长纤毛；箨片带状披针形，橘红色或绿色而有橘黄色边缘，强烈皱褶，反转。末级小枝具叶 2 ～ 3 枚，叶片背面基部被白毛。笋期 4 ～ 5 月。

【分布与生境】慈溪各地有栽培；杭州、海宁、余杭、富阳、临海等县市有分布。

【用　途】竹节高隆，四季常青，供经济栽培，风景区、公园、庭园绿化观赏。笋供食用；材用。

高节竹竹笋

竹秆

竹林

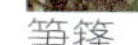
笋箨

新秆

笋

351 刚　竹

【别　名】龙须竹

【学　名】*Phyllostachys sulphurea* var. *viridis*

【科　名】禾本科 Gramineae

【形　态】地下茎单轴型。秆散生，高达 15m，直径（3）5 ～ 10cm，解箨时秆全为绿色。节间具猪皮状皮孔区，节下具白粉环；秆环不明显；箨环微隆起；分枝 2 枚。箨鞘光滑无毛，大秆上者密布褐色斑点或斑块，先端拱凸，边缘具细须毛，小秆上者少斑点或无；箨耳及繸毛无；箨舌中度发达；箨片基部宽为箨鞘顶部之 1/2 ～ 1/3，反转，微皱，边缘常黄白色。末级小枝具叶 3 ～ 7 枚，叶鞘具发达的叶耳与繸毛。笋期 5 月，并可延至 7 ～ 8 月。

【分布与生境】产于慈溪丘陵区各地，生于山坡林下或灌丛中，也见栽培；分布于浙江各地；苏、皖、闽等省份有分布。

【用　途】植株高大，姿态优雅，笋箨色彩丰富，供经济栽培，平原四旁及轻盐碱土绿化，风景区、公园美化。材用；笋供食用。

刚竹植株

352 雷　竹

【学　名】*Phyllostachys violascens* ‘Prevernalis’

【科　名】禾本科 Gramineae

【形　态】地下茎单轴型。秆散生，高 8 ～ 10m，直径 4 ～ 6cm，节间向中部稍瘦削，长 12 ～ 22cm，新秆疏被白粉，无毛；秆环与箨环均中度隆起，以秆环隆起较高；分枝 2 枚。箨鞘略被白粉，褐绿色或淡黑褐色，被褐色斑点；箨耳与鞘口繸毛缺如；箨舌褐绿色或紫褐色，弧形或近三角形，两侧下延，先端有细纤毛；箨片狭带状披针形，强烈皱褶或秆上部者近平直，反转，绿色或紫褐色。末级小枝具叶 2 ～ 6 枚；鞘口被繸毛。笋期 2 ～ 4 月。

【分布与生境】慈溪丘陵区广泛栽培，平原区少量可见；产于浙江临安、吉安等县市。

【用　途】秆形秀美，枝叶细密，四季常绿，供经济栽培，公园、庭园、路旁绿化观赏。笋味鲜美，笋期持久，竹园可进行覆盖早出栽培；材用。

【附　注】早竹（*Ph. violascens*），新秆密被白粉，竹秆节间在沟槽对面一侧稍膨大，笋期稍迟，在 3 ～ 4 月，慈溪有栽培，常与雷竹园交叉分布。

竹笋

节上分枝

早竹节间

雷竹植株

金竹竹笋

353 金　竹

【别　名】毛金竹

【学　名】*Phyllostachys nigra* var. *henonis*

【科　名】禾本科 Gramineae

【形　态】地下茎单轴型。秆散生，高7～12m，直径2～5cm，绿色至灰绿色，秆壁厚达5mm；幼秆被白粉，箨环下方常较浓密；秆环中度隆起，箨环稍隆起；分枝2枚。箨鞘淡棕色，密被粗毛，无斑点；箨耳和繸毛发达，紫色；箨舌中度发达，先端拱凸波状，边缘具极短须毛；箨片三角形至长披针形，基部的直立，上部的展开反转，皱褶，暗绿色带暗棕色。末级小枝具2～3叶，叶鞘繸毛发达。笋期4～5月。

【分布与生境】产于慈溪丘陵区各地，生于山坡、沟谷疏林下或路旁灌丛中；分布于浙江各地；长江流域以南各省份有分布。

【用　途】枝叶扶疏，竹秆挺拔，供风景区、公园、庭园观赏。材用；笋供食用；竹茹入药。

枝叶

箨片

新秆

354 光箨篌竹

【别　名】剪刀枪（慈溪）、笔头笋（慈溪）、枪刀竹

【学　名】*Phyllostachys nidularia* f. *glabrovagina*

【科　名】禾本科 Gramineae

【形　态】地下茎单轴型。秆散生，高 4 ～ 8m，直径 4cm；幼秆被白粉；秆环显著隆起；箨环中度隆起，两环先端均细尖；分枝 2 枚。箨鞘淡黄绿色，无毛，或基部具密毛，无斑点，具浓密的白粉，边缘具紫红色或淡褐色纤毛；箨片三角形至长三角形，直立，舟状内曲，绿紫色，基部两侧延伸成大而紧抱竹秆的假箨耳，呈镰形，绿紫色，疏生淡紫色縫毛；箨舌短。末级小枝通常具 1 叶，叶片先端常反转呈钩状，叶鞘脱落。笋期 4 ～ 5 月。

【分布与生境】产于慈溪丘陵区各地，生于向阳山坡、沟谷疏林下、林缘或路旁灌丛中；分布于浙江各地；秦岭以南省份有分布。

【用　途】枝叶扶疏，假箨耳独特，供风景区、公园、庭园观赏。笋供食用；材用；叶入药。

新秆

舟状箨片

节上分枝

光箨篌竹生境

355 鹅毛竹

【学　名】*Shibataea chinensis*

【科　名】禾本科 Gramineae

【形　态】地下茎复轴型。小灌木状；秆高 60 ～ 100cm，直径 2 ～ 3mm，节间长 7 ～ 15cm，几乎实心，无毛，淡绿带紫色；每节分枝 3 ～ 6 枚。箨鞘膜质，外面无毛；箨耳无；箨片针形。叶片通常 1 枚生于枝顶；叶鞘革质，长 3 ～ 6mm，鞘口无繸毛；叶片厚纸质，卵状披针形或卵形，无毛，先端常因冻伤而呈枯白色。笋期 5 ～ 6 月。

【分布与生境】产于慈溪掌起、匡堰、横河等丘陵区，生于山坡疏林下、林缘及路旁（宁波新记录）；分布于杭州、金华、台州、丽水等地；沪、苏、皖、赣、闽等省份有分布。

【用　途】秆形低矮，枝叶扶疏、清秀，宜于公园、庭园片植作地被观赏。

笋芽

植株

鹅毛竹生境

叶

四季竹植株

356 四季竹

笋

【学　名】*Oligostachyum lubricum*

【科　名】禾本科 Gramineae

【形　态】地下茎复轴型。秆高 5m，径 2cm，初绿色，无毛，微被白粉；中部各节分枝 3 枚，粗细近相等，或再生出若干明显细小的分枝。幼秆中部以下的箨鞘均无斑纹，箨鞘早落，绿色，边缘带紫色，无白粉，刺毛脱落后具稀疏小凹痕；小型箨耳镰刀状，边缘具紫色繸毛；箨舌有紫色短纤毛；箨片绿色带紫，宽披针形，基部收缩，边缘具纤毛，两面中脉隆起。末级小枝具叶 3 ～ 4 枚，叶鞘有白色细毛；叶耳繸毛放射状。笋期 5 ～ 10 月。

【分布与生境】产于慈溪丘陵区各地，生于海拔 380m 以下的山坡、溪沟边疏林中、林缘或灌丛中（慈溪新记录）；分布于杭州、湖州、宁波、金华、台州、舟山等地；赣、闽等省份有分布。

【用　途】植株疏密有度，四季常青，供山地绿化，公园、庭园片植观赏。笋供食用。

箨鞘

阔叶箬竹生境

357 阔叶箬竹

【别　名】粽箬壳（慈溪）

【学　名】*Indocalamus latifolius*

【科　名】禾本科 Gramineae

【形　态】地下茎复轴型。秆高 1m，径 5mm，节间长 12 ～ 25cm，具微毛，节下稍密，无沟槽，节平；每节分枝 1 枚，直径与主秆接近。秆箨宿存，质坚硬；箨鞘外面密被棕褐色短刺毛，有时无毛，边缘具棕色纤毛；箨耳与鞘口繸毛缺如；箨舌截平，先端有 1 ～ 3mm 长的流苏状繸毛；箨片近锥形，直立。末级小枝具叶 3 ～ 4 枚，叶片大型，长圆形，长 20 ～ 34cm，叶舌先端具 3mm 长之纤毛，叶背近基部有粗毛，侧脉 8 ～ 11 对。笋期 5 月。

叶背

【分布与生境】产于慈溪丘陵区各地，平原偶见，生于山坡、沟谷林下、林缘及村落墙角等处；分布于浙江各地；苏、皖、赣、闽等省份有分布。

【用　途】植株低矮，大叶密集，适于墙隅、路旁、林缘栽植观赏或点缀石景。材用，叶片可包粽和制作防雨用具；叶、果实入药。

箨鞘

358 苦　竹

【学　名】*Pleioblastus amarus*

【科　名】禾本科 Gramineae

【形　态】地下茎复轴型。秆高 3 ～ 5m，径 15 ～ 20（30）mm，节间长 27 ～ 29cm，初时被厚的黏性白粉，后被灰褐色粉质状斑；秆环隆起，高于箨环；箨环上附有箨鞘基部的木栓质残留物，并具一圈缘毛，其下有明显粉圈；分枝通常 5 枚。箨鞘深绿色，被紫红色脱落性小刚毛；箨耳不明显或无，鞘口无毛或着生数枚直立縫毛；箨舌截形；箨片披针形，绿色。末级小枝具叶 3 ～ 5 枚，叶耳缺如或微弱，鞘口无毛，叶舌紫红色。笋期 5 ～ 6 月。

【分布与生境】产于慈溪丘陵区各地，平原偶见，生于山坡、沟谷疏林下、林缘或灌草丛中；分布于浙江各地；皖、赣、闽、湘、鄂、川、云、贵等省份有分布。

【用　途】植株疏密有度，竹秆高低参差，叶色浓绿，适于山地、平原绿化，亦供园林观赏。材用；叶、竹沥、竹笋入药。

新秆

叶

苦竹笋

节上分枝

棕榈植株

果序

花序（蕾期）

359 棕　榈

【学　名】*Trachycarpus fortunei*

【科　名】棕榈科 Palmae

【形　态】常绿乔木。茎不分枝，圆柱形，有环纹，常被残存的纤维状老叶鞘包围。单叶互生，多聚生于干顶；叶片圆扇形，直径 50 ～ 100cm，掌状深裂，裂片 30 ～ 45 枚，线状披针形，先端具 2 浅裂，中脉明显突出，正面具光泽，背面微被白粉；叶柄坚硬，长 50 ～ 100cm，具 3 棱，两侧有锯齿状硬刺，基部扩大成抱茎的暗棕色网状纤维质鞘。雌雄异株；肉穗花序圆锥状，花淡黄色。核果肾状球形，成熟时黑色，被白粉。花期 5 ～ 6 月，果期 8 ～ 10（11）月。

【分布与生境】慈溪各地栽培或逸生，生于山丘疏林中及平原四旁；分布于浙南山区，全省多栽培；长江以南各省份有分布。

【用　途】树干挺直，叶形如扇，清姿优雅，宜于平原四旁、厂矿区、公路、盐碱土绿化，风景区、公园、庭园观赏，也可盆栽。纤维植物；幼嫩花序可食用；根、茎髓、叶、叶鞘纤维、花、果实入药。

花枝

未成熟果

菝葜果枝

360 菝　葜

【别　名】红刺根（慈溪）、金刚刺

【学　名】*Smilax china*

【科　名】百合科 Liliaceae

【形　态】落叶攀援灌木。根状茎粗壮，有刺。茎被疏刺，常带紫红色。单叶互生；叶片厚纸质至薄革质，近圆形、卵形或椭圆形，长 3 ～ 10cm，先端凸尖至骤尖，基部宽楔形或圆形，背面淡绿或苍白色，具 3 ～ 5（7）主脉；叶柄长 7 ～ 25mm，常紫红色，卷须粗壮，翅状鞘狭于叶柄，几乎全部与叶柄合生，脱落点位于卷须着生点处。伞形花序，总花梗长 15 ～ 30mm。浆果直径 6 ～ 15mm，熟时红色，常具白粉。花期 4 ～ 6 月，果期（7）8 ～ 10 月。

【分布与生境】产于慈溪丘陵区各地，生于各海拔段的山坡林下或灌草丛中；分布于浙江各地；黄河以南各省份有分布。

【用　途】茎、叶柄常呈紫红色，红果鲜艳，供断面、边坡覆绿，果序可做切花材料。带叶嫩芽可食用，根状茎制淀粉供酿酒；根状茎又供化工用；根状茎、叶入药。

【相近种】小果菝葜（见 361）。

【附　注】菝葜音 báqiā。

361 小果菝葜

【别　名】红刺根（慈溪）、金刚刺

【学　名】*Smilax davidiana*

【科　名】百合科 Liliaceae

果枝

枝叶

【形　态】落叶攀援灌木。根状茎粗壮，有刺。茎带紫红色，具疏刺。单叶互生；叶片常具紫红色斑纹，厚纸质，通常椭圆形，长 3 ～ 7cm，先端凸尖至骤尖，基部圆形至宽楔形，背面淡绿色，具 3 ～ 5 主脉；叶柄长 4 ～ 7mm，卷须细弱，翅状鞘远宽于叶柄，离生部分明显，脱落点位于卷须着生点处。伞形花序，总花梗长 2 ～ 15mm。浆果直径 5 ～ 7mm，熟时红色。花期 4 ～ 5 月，果期 10 ～ 11 月。

【分布与生境】产于慈溪丘陵区各地，生于山坡、沟谷林下或灌草丛中；浙江全省均有分布；苏、沪、皖、赣、闽、粤、桂等省份有分布。

【用　途】茎紫红色，叶常具紫红色斑纹，红果鲜艳，供断面、边坡覆绿，果序可做切花材料。带叶嫩芽可食用；根状茎入药。

【相近种】菝葜（见 360）。

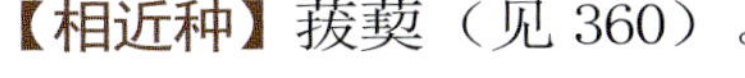

小果菝葜生境

果枝

土茯苓生境

花枝

362 土茯苓

【别　名】光叶菝葜

【学　名】*Smilax glabra*

【科　名】百合科 Liliaceae

【形　态】常绿攀援灌木。根状茎块根状，有时近连珠状，有刺。茎常具紫褐色斑点，无刺。单叶互生；叶片革质，长圆状披针形至披针形，先端骤尖至渐尖，基部圆形或楔形，背面有时苍白色，具 3 主脉；叶柄长 3 ～ 15mm，具卷须，翅状鞘狭披针形，长为叶柄的 1/4 ～ 2/3，几乎全部与叶柄合生，脱落点位于叶柄的顶端。伞形花序，总花梗明显短于叶柄。浆果直径 6 ～ 8mm，成熟时紫黑色，具白粉。花期 7 ～ 8 月，果期 11 月至翌年 4 月。

【分布与生境】产于慈溪丘陵区各地，生于山坡、山岗林下、林缘或灌丛中及溪谷阴地；分布于浙江山区、半山区；长江流域以南各省份有分布。

【用　途】叶形奇特，果紫黑色，供断面、边坡覆绿，公园、庭园垂直绿化。根状茎入药；带叶嫩芽可食用，根状茎制淀粉供酿酒；根状茎又供化工用。

附录 1　新记录种一览表

一、宁波新记录（13 种）

序号	树种名称
017	粤柳
089	江西绣球
127	密刺硕苞蔷薇
147	短蕊槐
183	毛红椿
233	红叶葡萄
236	光叶蛇葡萄
244	白背黄花稔
248	毛花猕猴桃
283	普陀杜鹃
285	淡红乌饭树
327	吊石苣苔
355	鹅毛竹

二、慈溪新记录（83 种）

序号	树种名称	序号	树种名称
012	粗榧	084	豹皮樟
013	山蒟	085	山橿
026	米槠	086	红脉钓樟
030	槲栎	092	天台溲疏
035	杭州榆	093	华茶藨
039	糙叶树	098	牛鼻栓
040	山油麻	100	单瓣李叶绣线菊
048	天仙果	101	白鹃梅
053	紫麻	109	厚叶石斑木
054	红叶树	119	红腺悬钩子
059	毛叶铁线莲	123	太平莓
068	秤钩枫	140	麦李
076	华中五味子	141	刺叶桂樱
080	薄叶润楠	155	香港黄檀

序号	树种名称	序号	树种名称
157	浙江木蓝	242	南京椴
159	华东木蓝	243	扁担杆
162	大叶胡枝子	247	大籽猕猴桃
171	臭辣树	257	隔药柃
172	吴茱萸	258	柃木
173	竹叶椒	259	窄基红褐柃
175	椿叶花椒	262	芫花
176	青花椒	269	浙江紫薇
185	一叶萩	272	毛八角枫
190	野梧桐	273	云山八角枫
194	毛黄栌	278	棘茎楤木
199	铁冬青	287	刺毛越橘
202	光枝刺叶冬青	299	赛山梅
203	大叶冬青	300	苦枥木
206	肉花卫矛	302	华东木犀
209	丝绵木	304	流苏树
210	哥兰叶	312	华紫珠
220	红枝柴	313	白棠子树
222	长叶冻绿	317	海州常山
223	圆叶鼠李	329	大叶白纸扇
225	猫乳	333	短刺虎刺
226	牯岭勾儿茶	335	羊角藤
227	多花勾儿茶	337	耳叶鸡屎藤
230	蘡薁	341	接骨木
234	华东葡萄	342	金银忍冬
235	葛藟	344	菰腺忍冬
237	异叶蛇葡萄	356	四季竹
238	广东蛇葡萄		

附录2 营养体形态索引

9.2 枝叶无刺－裸芽

	隔药柃	257
	柃木	258
	窄基红褐柃	259
	朱砂根	288
	红凉伞	289

9.3 枝叶无刺－鳞芽

	杨梅	19
	苦槠	25
	米槠	26
	青冈	33
	细叶青冈	34
	红叶树	54
	石楠	105
	光叶石楠	106
	枇杷	108
	厚叶石斑木	109
	石斑木	110
	冬青	200
	大叶冬青	203
	秃瓣杜英	241
	毛花连蕊茶	250
	红山茶	251
	茶	252
	油茶	253
	木荷	254
	乌饭树	284
	淡红乌饭树	285
	江南越橘	286
	刺毛越橘	287
	四川山矾	297
	山矾	298

10. 常绿阔叶－乔灌木－单叶－互生－无锯齿

10.1 叶具羽状脉

一、枝叶揉碎具芳香味

	红楠	79
	薄叶润楠	80
	紫楠	81
	豹皮樟	84

二、枝叶揉碎无芳香味

（一）鳞芽

A、具枝刺

	蓖芝	47

B、无枝刺

	米槠	26
	石栎	27
	含笑	73
	海桐	94
	崖花海桐	95
	厚叶石斑木	109
	铁冬青	199
	无刺枸骨	201
	日本厚皮香	255
	杨桐	256
	大叶胡颓子	264
	马银花	280
	杜鹃	282
	普陀杜鹃	283
	老鼠矢	296

（二）裸芽

	檵木	97
	红花檵木	97
	胡颓子	266

10.2 叶具三出脉

	香樟	78

10.3 叶掌状深裂

	棕榈	359

11. 常绿阔叶－乔灌木－单叶－对生或近对生

11.1 有锯齿

一、高 2 米以上乔灌木

	肉花卫矛	206
	冬青卫矛	207
	木犀	303
	丹桂	303
	金桂	303
	银桂	303
	珊瑚树	338

二、高 2 米以下小灌木

	百齿卫矛	205
	紫金牛	290
	吊石苣苔	327

11.2 无锯齿

一、植物体具刺

	虎刺	332
	短刺虎刺	333
	白马骨	334

二、植物体无刺

	赤楠	274
	华东木犀	302
	木犀	303
	丹桂	303
	金桂	303
	银桂	303
	女贞	305
	栀子	330
	狗骨柴	331

12. 常绿阔叶－乔灌木－复叶

12.1 奇数羽状复叶

一、有锯齿		
（一）茎具皮刺		
	茅莓	118
	红腺悬钩子	119
	硕苞蔷薇	126
	密刺硕苞蔷薇	127
	木香花	128
	小果蔷薇	129
	软条七蔷薇	132
	野蔷薇	133
	粉团蔷薇	134
	七姐妹	135
（二）茎无皮刺		
	广东蛇葡萄	238
二、无锯齿		
（一）茎具刺		
	云实	146
	香港黄檀	155
（二）茎无刺		
	紫藤	160
	网络鸡血藤	161
16.2 掌状复叶或三出复叶		
一、有锯齿		
（一）茎具皮刺		
	茅莓	118
	金樱子	125
	五加	277
（二）茎无皮刺		
	爬山虎	239
	绿爬山虎	240
二、无锯齿		
	木通	62
	大血藤	63
	常春油麻藤	169
	野葛	170
17. 木质藤本－复叶－对生		
17.1 有锯齿		
	女萎	58
	凌霄	326
17.2 无锯齿		
	柱果铁线莲	57
	毛叶铁线莲	59
	山木通	60
	威灵仙	61
18. 竹类		
18.1 秆每节具 1 枚分枝		
	阔叶箬竹	357
18.2 秆每节具 2 枚分枝		
	毛竹	346
	花毛竹	347
	龟甲竹	348
	斑竹	349
	高节竹	350
	刚竹	351
	雷竹	352
	早竹	352
	金竹	353
	光箨篌竹	354
18.3 秆每节具 3 枚以上分枝，至少秆之中上部如此		
一、末节小枝具叶 1 枚		
	鹅毛竹	355
二、末节小枝具叶 2 枚以上		
	桃枝竹	345
	四季竹	356
	苦竹	358

注：表中树种名称之后的数字，表示其编号（顺序号）。

附录3 中文名索引

附录4 拉丁名索引

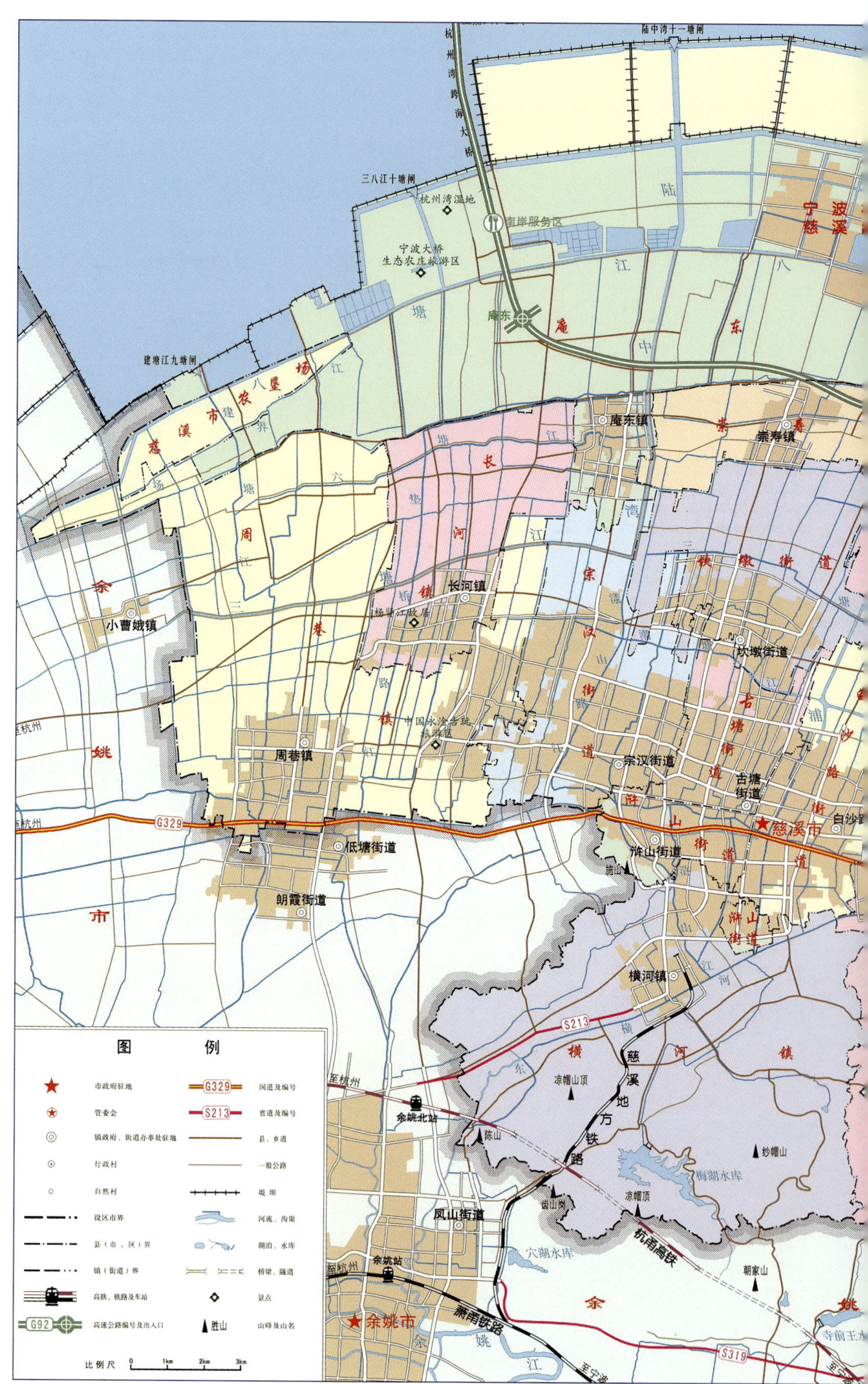

陆中湾十一塘闸
杭州湾跨海大桥
三八江十塘闸
杭州湾湿地
南岸服务区
宁波大桥生态农庄旅游区
庵东
建塘江九塘闸
慈溪市农垦场
庵东镇
崇寿镇
长河镇
小曹娥镇
周巷镇
中国永冷古迹旅游区
宗汉街道
坎墩街道
古塘街道
慈溪市
白沙路
浒山街道
低塘街道
朗霞街道
横河镇
余姚北站
陈山
凉帽山顶
纱帽山
梅湖水库
凉帽顶
凤山街道
穴湖水库
余姚站
余姚市
萧甬铁路
杭甬高铁
慈溪地方铁路
朝家山
G329
S213
S319
至杭州
图例
市政府驻地
管委会
镇政府、街道办事处驻地
行政村
自然村
设区市界
县（市、区）界
镇（街道）界
高铁、铁路及车站
高速公路编号及出入口
国道及编号
省道及编号
县、乡道
一般公路
堤坝
河流、沟渠
湖泊、水库
桥梁、隧道
景点
山峰及山名
胜山
G92
比例尺 0 1km 2km 3km

慈溪市地图
杭州湾
嘉兴市
舟山市
灰鳖洋
大妹山
七姊八妹列岛
小长坛山
大长坛山
四灶浦十一塘闸
水云浦十一塘闸
半掘浦十一塘闸
徐家浦十塘闸
海黄山十塘闸
四灶浦水库
郑徐水库
慈溪
新浦镇
胜山镇
附海镇
观海卫
观海卫镇
桥头镇
G329
范市掌起
掌起镇
龙山镇
戚继光抗倭遗址
上林湖水库
老鹰基
上林湖越窑遗址
金仙寺
白洋湖
杜湖
大黄山
石公馆
里杜湖水库
虞世南故居
五磊寺
牛角尖
石子山隧道
灵龙宫
长溪水库
洞山寺
百亩山
长溪岭隧道
大池墩水库
太和山
狮子山
相岙水库
英雄水库
江北区
镇海区
九龙湖镇
澥浦镇
起浦十塘闸
淡水泓十塘闸
镇龙浦十塘闸
慈东滨海区
慈东滨海区管委会
伏龙湖
伏龙山
伏龙禅寺
寺湖水库
灵湖水库
龙山隧道
达蓬山
达蓬山旅游度假区
凤浦湖水库
青须山
九龙湖
新浦镇
附海镇
观海卫镇
桥头镇
掌起镇
龙山镇

参考文献

[1] 陈俊愉，程绪珂 . 中国花经 [M]. 上海：上海文化出版社，1997.

[2] 陈旭君，周和锋，娄厚岳，等 . 杭州湾南岸地区盐碱地绿化造林技术初探 [J]. 华东森林经理，2006，20(1)：4-9.

[3] 陈征海，唐正良，孙海平，等 . 浙江海岛乡土树种资源调查研究 [J]. 浙江林业科技，1995，15(6)：1-7.

[4] 陈宗良 . 杨梅栽培 168 问 [M]. 北京：中国农业科学技术出版社，2002.

[5] 慈溪市地方志纂编委员会 . 慈溪县志 [M]. 杭州：浙江人民出版社，1992.

[6] 慈溪县土壤普查办公室 . 慈溪土壤志（油印本），1983.

[7] 江苏新医学院 . 中药大辞典 [M]. 上海：上海科学技术出版社，2004.

[8] 蒋建绒 . 慈溪古树名木 [M]. 宁波：宁波出版社，2013.

[9] 李根有，陈征海，桂祖云 . 浙江野果 200 种精选图谱 [M]. 北京：科学出版社，2013.

[10] 李根有，楼炉焕，吕正水，等 . 泰顺县野生观赏植物资源 [J]. 浙江林学院学报，1994，11(4)：402-418.

[11] 陆志敏 . 宁波森林植被 [M]. 杭州：浙江科学技术出版社，2012.

[12] 庞世龙 . 广西乡土园林树种种质资源调查 [J]. 广西林业科学，2007，36(2)：106-109.

[13] 上海科学院 . 上海植物志（上卷：区系植物）[M]. 上海：上海科学技术文献出版社，1999.

[14] 王冬米，陈征海 . 台州乡土树种识别与应用 [M]. 杭州：浙江科学技术出版社，2010.

[15] 吴明，蒋科毅，邵学新，等 . 杭州湾湿地环境与生物多样性 [M]. 北京：中国林业出版社，2011.

[16] 吴征镒 . 中国植被 [M]. 北京：科学出版社，1995.

[17] 徐绍清，王立如，柴春燕，等 . 慈溪市乡土树种资源调查研究（Ⅱ）——蓝果和黑果类绿化观赏树种资源与开发利用 [J]. 湖北林业科技，2013(2)：39-44.

[18] 徐绍清，余正安，范国明，等 . 浙江慈溪野生半灌木植物资源与利用 [J]. 湖南林业科技，2013，40(2)：44-46，59.

[19] 徐绍清，朱杰旦，董建国，等 . 慈溪市乡土树种资源调查研究Ⅰ——红果类绿化观赏树种资源与开发利用 [J]. 中国林副特产，2012(2)：70-75.

[20] 杨康民 . 中国桂花 [M]. 北京：中国林业出版社，2013.

[21] 易同培，史军义，玛丽莎，王海涛，杨林 . 中国竹类图志 [M]. 北京：科学出版社，2008.

[22] 张天麟 . 园林树木 1200 种 [M]. 北京：中国建筑工业出版社，2006.

[23] 赵世伟，张佐双 . 园林植物景观设计与营造 (第四册)[M]. 北京：中国城市出版社，2001.

[24] 浙江省慈溪市农林局 . 慈溪农业志 [M]. 上海：上海科学技术出版社，1991.

[25] 浙江省植物志编辑委员会 . 浙江植物志 [M]. 杭州：浙江科学技术出版社，1992-1993.

[26] 郑朝宗 . 浙江种子植物检索鉴定手册 [M]. 杭州：浙江科学技术出版社，2005.

[27] 郑苗松 . 盐碱地造林绿化技术——杭州湾沿岸盐碱地绿化实践 [M]. 北京：中国林业出版社，2007.

[28] 郑万钧 . 中国树木志 (第一至第四册)[M]. 北京：中国林业出版社，1983-2004.

[29] 中国科学院植物研究所 . 中国高等植物图鉴 [M]. 北京：科学出版社，1994.

[30] 中国药材公司 . 中国中药资源志要 [M]. 北京：科学出版社，1994.

[31] 中国植物志编辑委员会 . 中国植物志 [M]. 北京：科学出版社，1959-2004.

[32] 朱石麟，马乃训，傅懋毅 . 中国竹类植物图志 [M]. 北京：中国林业出版社，1994.

[33] Zheng-Yi WU，Peter Hamilton RAVEN. Flora of China(Vol.4-25)[M]. Beijing: Science Press. 1994-2011.